Michael Wildenhain wurde 1958 in Berlin geboren. Nach einem Philosophie- und Informatikstudium engagierte er sich in der Hausbesetzerszene. Für sein literarisches Schaffen wurde er vielfach ausgezeichnet, u. a. mit dem Alfred-Döblin-Preis, dem Stipendium der Villa Massimo und dem London-Stipendium des Deutschen Literaturfonds. »Eine kurze Geschichte der Künstlichen Intelligenz« ist sein erstes Sachbuch. Er lebt in Berlin.

MICHAEL WILDENHAIN

EINE KURZE GESCHICHTE DER KÜNSTLICHEN INTELLIGENZ

COTTA

Cotta

www.klett-cotta.de

© 2024 by J. G. Cotta'sche Buchhandlung Nachfolger GmbH,
gegr. 1659, Stuttgart

Alle Rechte inklusive der Nutzung des Werkes für Text und
Data Mining i. S. v. § 44 b UrhG vorbehalten

Cover: Rothfos & Gabler, Hamburg

Gesetzt von C.H.Beck.Media.Solutions, Nördlingen

Gedruckt und gebunden von Esser printSolutions GmbH, Bretten

ISBN 978-3-7681-9824-0

E-Book ISBN 978-3-7681-9826-4

Zweite Auflage, 2024

Bibliografische Information der Deutschen Nationalbibliothek
Die Deutsche Nationalbibliothek verzeichnet diese Publikation in der
Deutschen Nationalbibliografie; detaillierte bibliografische Daten
sind im Internet über http://dnb.d-nb.de abrufbar.

Für Erhard Konrad

INHALT

VORWORT

Seit jeher träumen die Menschen davon, künstliche Wesen zu erschaffen, die ihnen dienstbar sind. Nicht selten werden die hoffnungsfrohen Schöpfer jedoch mit der Furcht konfrontiert, die Kreaturen könnten eine unkontrollierbare Macht entfalten und sich gegen den Einzelnen, wenn nicht gar gegen die Menschheit wenden, statt gehorsam, fleißig und bescheiden ihren Aufgaben nachzugehen. Von dieser Ambivalenz ist auch die in Wellen aufkommende Diskussion um Roboter und *Artificial Intelligence* (AI) respektive *Künstliche Intelligenz* (KI) geprägt, die mit der Indienststellung von und dem öffentlichen Zugriff auf ChatGPT erneut in den Fokus des allgemeinen Interesses rückt.

Diese *Kurze Geschichte der Künstlichen Intelligenz* versteht sich weder als umfassende Darstellung sämtlicher Themen, die in der Geschichte der KI eine Rolle spielen, noch als vorwiegend am enormen technischen Fortschritt der entsprechenden Werkzeuge und Entwicklungen orientierte Abhandlung. Es geht, in der gebotenen Kürze, um eine exemplarische Geschichte, die anhand zentraler Stationen und relevanter Markpunkte die wesentlichen Aspekte der Diskussion um Künstliche Intelligenz sowie ihrer Möglichkeiten und Grenzen in den Blick nimmt.

Im Mittelpunkt steht die Frage, inwieweit KI-Systeme, bemessen am allgemein menschlichen Maßstab, als intelligent betrachtet werden können und ob vom Bewusstsein einer Maschine zu sprechen sinnvoll ist – oder nicht.

Wie jedes gute Drama gliedert sich das Buch in drei Aufzüge, in denen nicht nur ein illustres Personal seine Auftritte hat, sondern auch allegorische Figuren wie die Wirklichkeit oder das Bewusstsein.

Im ersten Teil thematisiere ich kulturelle Aspekte und vor allem die literarische Verarbeitung, die bestimmte Gedanken hinsichtlich der Künstlichen Intelligenz vorwegnimmt. Wir lernen den Geheimrat Johann Wolfgang von Goethe und die grandiose Autorin Mary Shelley kennen.

Im zweiten Teil konzentriere ich mich auf die Darstellung der systematischen Diskussion der schwachen, aber insbesondere der Möglichkeit einer starken KI, mittlerweile oft als *Artificial General Intelligence* (AGI) bezeichnet. Nur die Existenz Letzterer eröffnet – eventuell – einen Weg zu Maschinen, denen Intelligenz im allgemein menschlichen Sinn zugesprochen werden kann. Am Schluss dieses Mittelteils fasse ich den Stand der Dinge kurz zusammen.

Der dritte Teil des Buchs ergibt sich aus den vorangehenden Kapiteln insofern, als über die Fragen nachgedacht wird, die durch die aktuelle KI-Diskussion erneut aufgeworfen worden sind: Ist es denkbar, dass eine künstlich geschaffene Intelligenz ein eigenes Bewusstsein und damit eigene Absichten entwickelt, die sich gegen uns wenden könnten? Und entsteht daraus nicht zwangsläufig ein Problem, weil die Fähigkeiten der Maschinenintelligenz uns in mehr und mehr Bereichen weit überlegen sind?

Am Ende des Buchs erörtere ich, ob sich die Diskussion um Künstliche Intelligenz in gewisser Weise als Drosophila des Leib-Seele-Problems verstehen lässt, und probiere anschließend ein Resümee zu liefern, das möglichst keine Frage offenlässt – oder die offenen Fragen wenigstens genau umreißt.

1. AUFZUG:
DAS FRÜHE 19. JAHRHUNDERT

EINFÜHRUNG

Obwohl Mythen und Legenden, in denen künstliche Geschöpfe eine relevante Rolle spielen, schon in der Antike aufgetaucht sind und in den meisten Kulturkreisen vorgekommen sein dürften, liegt es nahe, eine Abhandlung über Künstliche Intelligenz mit dem 19. Jahrhundert zu beginnen – in dem die Industrialisierung vor allem in Europa erst gemächlich, bald rasant an Fahrt aufnimmt. Ohne den ungeheuren Fortschritt der Industrietechnik wäre die Technologie der KI undenkbar.

Zwei literarische Vorläufer Künstlicher Intelligenz sind Johann Wolfgang von Goethes *Homunkulus*, der in *Faust II* seinen Auftritt hat, und das noch erheblich berühmtere *Geschöpf* in Mary Shelleys Schauerroman *Frankenstein*, der bis in die Gegenwart Film, Theater, Literatur, ja, sogar die Oper beeinflusst.

Zu einer Zeit, als eine technische Realisierung nicht entfernter scheinen könnte, entstehen also ein Theaterstück (veröffentlicht 1832) und ein Roman (1818, neu aufgelegt 1831), in denen künstliche Intelligenzen wichtig, wenn nicht prägend sind. Mit anderen Worten: In der Fantasie scheint auf, was in der Wirklichkeit noch nicht möglich ist, einer Wirklichkeit, deren Umbrüche derart tiefgreifend sind und sich so rasch vollziehen wie vielleicht nie zuvor in der Menschheitsgeschichte.

Zur historischen Einordnung, um die Dimension des gesellschaftlichen Bruchs mit zwei Schlaglichtern zu versehen. Im November 1847 beauftragt der *Bund der Kommunisten* auf einem geheimen Kongress in London die Herren Karl Marx und Friedrich Engels mit der Erarbeitung eines Manifests, das als das *Manifest der Kommunistischen Partei* in die Geschichte eingehen wird und die Geburt einer neuen Klasse postuliert: das *Industrieproletariat*. Und etwa zwanzig Jahre später, 1869, stellt Dmitri Mendelejew, nur wenige Monate vor Lothar (von) Meyer, mit den Kernthesen zum *Periodischen System der chemischen Elemente*[*] das Ergebnis seiner langjährigen Forschungen vor. Damit macht er – in einem Vortrag vor der Russischen Gesellschaft für Chemie – erstmals die Grundlage des Aufbaus der materiellen Welt, wie wir sie

---

[*] Der vollständige Originaltitel lautet: *Die Abhängigkeit der chemischen Eigenschaften der Elemente vom Atomgewicht.*

heute kennen, der wissenschaftlichen Öffentlichkeit zugänglich.

AUFTRITT 1 – JOHANN WOLFGANG VON GOETHE (1749–1832)

1831, kurz vor seinem Tod, vollendet Goethe ein Theaterstück, das mit einiger Berechtigung als unübersichtlich und schwer aufführbar charakterisiert werden kann: *Faust – Der Tragödie zweiter Teil*. Eine schier unüberschaubare Menge an Personal hat häufig ausgesprochen kurze Auftritte. Um nur einige Figuren zu nennen, die Faust und Mephistopheles Gesellschaft leisten: die Sphinx, Sirenen, erster und zweiter Greif, der Kentaur Chiron, Hoffnung, Klugheit, Thales, aber auch Sorge, Mangel, Schuld sowie, prominent, Helena. Inmitten des Getümmels taucht als zweites Bild im zweiten Akt ein Laboratorium auf, das durch eine der spärlichen Anweisungen als »im Sinne des Mittelalters, weitläufige, unbehülfliche Apparate, zu phantastischen Zwecken«[1] beschrieben wird. Darin ist Wagner, ehemaliger Famulus (Gehilfe) von Faust,[*] tätig. Inzwischen zu akademischen Ehren gelangt, versucht er in einer Phiole den Homun-

---

[*] *Famulus* heißt auch der in Deutschland entwickelte und weltweit erste sechsachsige Industrieroboter (1973).

kulus, ein künstliches Wesen, zu erschaffen. Er tut dies, indem er »aus viel hundert Stoffen, / Durch Mischung, denn auf Mischung kommt es an, / Den Menschenstoff gemächlich«[2] zu komponieren versucht. Bis der zunächst zage Schöpfer jubilieren kann: »Ich seh' in zierlicher Gestalt / Ein artig Männlein sich gebärden.«[3] Und: »Ein herrlich Werk ist gleich zu Stand gebracht. / [...] Es wird ein Mensch gemacht.«[4]

Weshalb Mephisto den anfangs ohnmächtigen Faust mit dem Geschöpf zusammenbringen möchte, ist naheliegend weniger ein spezifisches Interesse an einer künstlichen Intelligenz als vielmehr die erhoffte Antwort auf die Frage, »warum sich Mann und Frau so schlecht vertragen«.[5] Anlass ist der Umstand, dass Faust die nach einer Reise ins Reich der Mütter gewonnene, heftig verehrte Helena durch ungestüme Annäherung wieder entwischt ist.

Der Homunkulus allerdings hat ein eigenes Problem. Aufgrund dessen ist sein Auftritt, obwohl Figur einer bloßen Nebenhandlung, in diesem Buch berechtigt. Denn er existiert allein in einer Phiole aus Glas. Mit ihr ist seine Existenz verbunden. »Natürlichem genügt das Weltall kaum / Was künstlich ist, verlangt geschloßnen Raum.«[6] Er, der (reine) Geist im Glas, kann die Welt zwar wahrnehmen, ist aber nicht in ihr. Den Umstand empfindet er als beständigen Mangel. In den Worten Goethes: »Dieweil ich bin, muss ich auch thätig seyn.«[7]

Anders ausgedrückt: Das Geschöpf ist, aber es entsteht nicht in dem Sinne, dass es sich mit der Welt, mit seiner Umwelt auseinandersetzt. Die Gegenstände in der Welt sind dem Homunkulus bloß vorhanden, weil ihn die Glaswand der Phiole, die zu zerschlagen er zögert, von den Dingen trennt.

> Es fragt um Rath, und möchte gern entstehn.
> Er ist, wie ich von ihm vernommen,
> Gar wundersam nur halb zur Welt gekommen.
> Ihm fehlt es nicht an geistigen Eigenschaften,
> Doch gar zu sehr am greiflich Tüchtighaften.
> Bis jetzt giebt ihm das Glas allein Gewicht,
> Doch wär' er gern zunächst verkörperlicht.[8]

Mit diesem Bild hat Goethe, obgleich lange vor jedem Gedanken an Computer, Roboter und Androiden, eine Metapher geschaffen, die auf einen grundlegenden Sachverhalt bei der Programmierung einer Maschine oder Künstlichen Intelligenz verweist. Die Objekte, auf die das Programm abstellt, sind sowohl dem Programmierer wie auch der Maschine bei der Implementierung zwingend nur *vorhanden*. Sie werden wahrgenommen und codiert (damit repräsentiert). Hantiert, im handfesten Sinne, wird mit ihnen nicht. Der Homunkulus, oft als »Zwerglein« oder »Kleingeselle« tituliert, bleibt in der Phiole. Als bezeichnend kann im Kontext einer

Diskussion um Künstliche Intelligenzen zudem sein Abgang aus der *Tragödie zweiter Teil* verstanden werden. Indem er ins Meer geht, kehrt er an den Anfang menschlicher Gattungsgeschichte zurück.

Dieser Aspekt, die dem Kunstgeschöpf vorhandene, aber nicht zu handhabende Welt der Gegenstände, wird in der Argumentation noch von Interesse sein.

AUFTRITT 2 – MARY SHELLEY (1797–1851)

Mary Shelley ist die Tochter von William Godwin (1756–1836) und Mary Wollstonecraft (1759–1797), die nur wenige Tage nach der Geburt ihrer Tochter im Kindbett stirbt. Beide Eltern sind führende Vertreter radikaler Positionen in England. 1814, im Alter von nicht ganz 17 Jahren, wird Mary Wollstonecraft-Godwin schwanger von dem später berühmten romantischen Dichter Percy Shelley (1792–1822) und brennt mit ihm durch. Sie heiraten 1816 und leben bis zu seinem Tod häufig in Italien oder der Schweiz. Hier, am Genfer See in einem kleinen Kreis Geistesverwandter, schlägt Lord Byron (1788–1824) eines Sommerabends 1816 vor, die vier Anwesenden sollten versuchen, eine Gespenstergeschichte zu schreiben. Nicht lange vorher sind von einem anderen Gast Passagen aus dem ersten Teil des *Faust* übersetzt worden; vom Homunkulus kann Mary Shelley nichts gewusst haben. Inwieweit ihr die Golem-Legende, die bis ins Mittelalter zurückreicht, vertraut sein könnte, »ist nicht bekannt«.[9] Das Verhältnis des Dr. Frankenstein zur Wissenschaft ist jedenfalls nicht durch Nüchternheit, sondern faustischen Drang, Bezüge zur Alchemie und romantischen Überschwang gekennzeichnet.

Dem sommerabendlichen Einfall des Lord Byron ist das Entstehen des Romans *Frankenstein, or The Modern Prometheus* zu verdanken, der 1818 in drei Bänden anonym, 1831 in der endgültigen Fassung erscheint. Eingegangen in den Roman sind Anregungen der Zeit, so ein äußerst heftiges Gewitter und Motive der Landschaft am Genfer See. Wobei die Autorin Prometheus-, Faust- und Luzifer-Mythen miteinander kombiniert.

Der Roman ist aus drei Erzählperspektiven geschrieben, neben den einführenden Briefen des Polarforschers Robert Walton (die am Ende wieder aufgenommen werden und so den Rahmen des Romans bilden), die Berichte des Dr. Frankenstein und die des Monsters. Inhaltlich kann der Text über weite Strecken als moralische oder ethische Versuchsanordnung gelesen werden.

Das Monster – anfangs noch: das Geschöpf; im Fortgang: das Ungeheuer, das Scheusal, das Böse – wird rachsüchtig, weil es von der menschlichen Gemeinschaft sozial nicht akzeptiert, sondern verstoßen wird; und weil sein Schöpfer Victor Frankenstein sich weigert, seiner Schöpfung – aufgrund seiner Skrupel und der

Furcht vor den Folgen – eine Frau an die Seite zu stellen. Das wiederum würde den Beginn einer neuen Gattung nach sich ziehen. »Du bist mein Schöpfer, aber ich bin dein Herr, gehorche!«,[10] droht das Geschöpf daraufhin.

Interessant sind Grund und Ursache für den Ausschluss aus der menschlichen Gemeinschaft. Der Grund liegt in der Hässlichkeit des Wesens, die Ursache im Umstand, dass das Geschöpf aus Leichenteilen unterschiedlichen Ursprungs zusammengesetzt worden ist, sowie in seiner monströsen Größe, die sich dadurch erklärt, dass Dr. Frankenstein nur so mit den winzigen menschlichen Organen umzugehen sich in der Lage sieht. Seine Hässlichkeit, die das Monster schlussendlich zum Vernichtungsfeldzug gegen die Familie seines Schöpfers im Besonderen und die Menschen im Allgemeinen inspiriert, kann durchaus als dem-Mensch-in-seiner-Eigenheit-fremd-gegenüberstehend verstanden werden, mithin als eine Metapher, die das Verhältnis von menschlicher zu künstlicher Intelligenz illustriert.

Bemerkenswert ist, wie Mary Shelley den Intellekt des Geschöpfs auffasst, indem sie das Gehirn eines Toten, das dem Monster eingesetzt wird, als eine Art Gefäß mit gewissen gegebenen Eigenschaften beschreibt. Das implementierte Gehirn verfügt über die Fähigkeit zur Empathie wie auch über andere Gefühle, ist aber nicht als Festplatte mit gespeichertem Wissen zu verstehen. Das Geschöpf muss Sprache und den Umgang mit der Welt lernen wie ein Kind, das Menschen seiner Umgebung beobachtet.

Für die naturwissenschaftlichen und technischen Details interessiert sich die Autorin ebenso wenig wie Goethe, der noch die Alchemie des Mittelalters anruft und dessen Homunkulus Geist ohne Körper bleibt, dem Höheres angedichtet wird:

Wenn sich das Thier noch weiter dran ergötzt,
So muß der Mensch mit seinen großen Gaben
Doch künftig höhern, höhern Ursprung haben.[11]

Frankensteins Geschöpf ist allem Höheren abhold und sehnt sich nach Normalität. Wenn ihm die Akzeptanz verwehrt bleibt, dann möchte das Wesen eine Frau an die Seite gestellt bekommen, eine Gefährtin, um so die Zurückweisung durch die Menschen kompensieren zu können. Es will nicht bloß sozial aufgehoben sein, sondern die Chance erhalten, eine Gattung zu begründen, die von den Defiziten, die die Menschen dem »Scheusal« zueignen, nichts weiß.

Mary Shelley hat mit *Frankenstein* nicht nur den ersten erfolgreichen Science-Fiction-Roman geschrieben, der das Monster als handelnden Antagonisten seines Schöpfers in den Mittelpunkt stellt, sondern sie hat zudem eine treffende Metapher für eine fremde, künstliche – hier: hässliche – Intelligenz geschaffen. Denn obwohl der Roman wesentlich ethisch intendiert sein mag, weist der Unhold, die fremde, hässliche, künstliche Intelligenz, mit seinem Wunsch nach sozialer Nähe zwar ein menschliches Grundbedürfnis auf, deutet darüber hinaus jedoch auf eine notwendige Bedingung von Intelligenz überhaupt hin: das Gestellt-Sein in eine Gemeinschaft und damit das Sein in der Welt.

Während bei Goethe der Homunkulus zwar *ist*, als Geist im Glas jedoch *nicht vollständig entstanden ist*, beschreibt Shelley ihr Wesen als *nicht vollwertig*. Beide Autoren haben, ohne die technische Realisierung der KI kennenlernen zu können, zwei fundamentale Voraussetzungen für Intelligenz nach allgemein menschlichem Maßstab zu ihrem Thema gemacht: den Körper in der Welt und das Gegenüber einer sozialen Gemeinschaft.

2. AUFZUG:
DAS 20. UND 21. JAHRHUNDERT

EINFÜHRUNG

Der erste Wissenschaftler, der den Begriff »Künstliche Intelligenz« in einem Antrag für Fördergelder benutzt hat, ist 1955 John McCarthy, Erfinder der Programmiersprache *Lisp* (List Processing). Der Förderantrag war an die Rockefeller Foundation gerichtet und diente der Finanzierung der Dartmouth Conference 1956, die als Geburtsstunde der KI firmiert.[12]

Organisiert wird die Konferenz unter anderem von Marvin Minsky (1927–2016), der als einer der prominentesten und vehementesten Vertreter einer »starken KI« gilt, einer KI also, die dem Menschen hinsichtlich ihrer Intelligenz ebenbürtig sein soll beziehungsweise ihn in absehbarer Zeit überflügeln wird. Wohingegen sich eine »schwache KI« dadurch auszeichnet, dass sie nur in der Lage ist, *genau definierte* Aufgaben zu bewältigen, für die *bestimmte* intelligente Fähigkeiten benötigt werden. Aus dem Grund sind entsprechende Anwendungen lange als Expertensysteme bezeichnet worden. Solche Applikationen prägen mittlerweile in fast allen Bereichen des Lebens unseren Alltag und die Arbeitswelt, interessieren in dieser Abhandlung aber nur am Rande. Wie groß das Ausmaß der Überformung durch die digitale Computertechnik und die daraus abgeleiteten Phänomene mittlerweile ist und vor allem mit welcher Rasanz der Prozess sich Bahn gebrochen hat, mag daran abzulesen sein, dass die weltweit erste Webseite am 6. August 1991, vor gerade einmal gut dreißig Jahren, online ging.[13]

Die Grundlage für den sagenhaften Fortschritt auf allen Gebieten, die von der *Computer Science*, der anglo-amerikanische Begriff, der über Informatik deutlich hinausgeht, durchdrungen sind und durchdrungen werden, lässt sich durch einen Sachverhalt beschreiben, der als »Mooresches Gesetz« bezeichnet wird. Eigentlich bloßes Postulat und dennoch verblüffend zutreffend, besagt es, dass sich die Komplexität integrierter Schaltkreise beziehungsweise die Menge an Transistoren pro Flächeneinheit regelmäßig verdoppelt, wobei je nach Quelle zwölf, 18 oder 24 Monate angegeben werden. Veröffentlicht wurde die These 1965 und tatsächlich verdoppelt sich die Integrationsdichte seither circa alle 20 Monate. Die Vervielfachung unterliegt zwar einer na-

türlichen Begrenzung, weil Platinen eine endliche Aus-
dehnung haben und Transistoren minimal die Dicke
eines Atoms haben könnten. Bei einer Näherung an die
geringe Höhe muss zudem die Möglichkeit eines Tun-
nel-Effekts der Elektronen berücksichtigt werden, der
ein adäquates Funktionieren der Bauteile beeinträchti-
gen beziehungsweise verändern kann.

Trotzdem bildet die Zunahme an Speicherkapazität
und Rechenleistung – bei geeigneter Rechnerarchitektur – das Fundament, ohne das Applikationen, die als KI
firmieren, undenkbar wären. Hinzu kommt eine nicht
mehr fassbare Menge an Daten, die den Rohstoff abgibt,
um Systeme wie ChatGPT zu trainieren.

In den mittleren Jahrzehnten des letzten Jahrhun-
derts, die zunächst thematisiert werden sollen, dürfte
man sich keine angemessene Vorstellung von dem Tech-
nologiesprung gemacht haben, der inzwischen erfolgt
ist. Die Entwicklung einer starken KI steht hingegen
nach wie vor aus, obgleich nicht allein Marvin Minsky
seit etwa 1970 wiederholt prognostiziert hat, in wenigen
Jahren werde es Maschinen mit der durchschnittlichen
Intelligenz des Menschen geben, deren Programmierung ihnen – auch – Emotionalität gestatten solle. Mit
anderen Worten: Trotz des unbestritten sich stetig fortschreibenden Erfolgs diverser Emanationen der schwachen KI bleibt die Entwicklung der starken KI bisher
bloße Hypothese. Dennoch wird diese Hypothese, so-

bald ein nächster entscheidender technischer Fortschritt im Kontext Künstlicher Intelligenz in die Öffentlichkeit drängt, erneut virulent.

AUFTRITT 3 – ALAN TURING (1912–1954)

Alan Turing ist nicht nur aufgrund der Filme und Literatur über ihn, sondern sicherlich auch durch seine Tätigkeit beim britischen Geheimdienst (Dechiffrierung) während des 2. Weltkriegs und der gegen ihn erhobenen Anklage wegen Homosexualität die bekannteste und berühmteste Persönlichkeit in der Geschichte der Entwicklung von Computer und KI. Zudem markiert seine Person, neben den Praktikern John von Neumann (1903–1957) und dessen *Electronic Computing Instrument* (1946) sowie Konrad Zuse (1910–1995), der mit der *Z3* (1941) den ersten relaisgesteuerten Rechner gebaut hat – damals als »nicht kriegswichtig«, »nicht dringlich« eingestuft –, den Anfang der Epoche.

Zu nennen sind an dieser Stelle auch die weiteren Pioniere der digitalen Welt, Vorgänger derjenigen, die eine erste Realisierung in Angriff nehmen konnten: Charles Babbage (1791–1871) und seine *Analytical Engine*, die als Vorläufer des modernen Computers gilt; Ada Lovelace (1815–1852) nebst ihrem Programm zur Berechnung der Bernoulli-Zahlen, einer bahnbrechenden Arbeit, die als

eine Art Prototyp für die Entwicklung der Programmier-
sprachen gelten kann, ebenso wie die Begriffsschrift
Gottlob Freges (1848–1925) sowie das von Rudolf Carnap (1891–1970) in seinem zentralen Werk *Der logische
Aufbau der Welt* dargelegte Konstitutionssystem. Wie
kein anderer steht jedoch Alan Turing für den Beginn
des Computerzeitalters.

Hans Magnus Enzensberger würdigt ihn 1975 in seinem Buch *Mausoleum – Siebenunddreißig Balladen aus
der Geschichte des Fortschritts* wie folgt:

> Fest steht, daß er nie eine Zeitung gelesen hat; daß
> er seine Handschuhe selber strickte; und daß er,
> sofern er bei Tisch sein hartnäckiges Schweigen
> brach, in *ein schrilles Gestotter* verfiel oder *krähend
> lachte*. [...] Warum er es stets vermied, die Haut an-
> derer Personen, einerlei welchen Geschlechts, zu
> berühren, darüber wissen wir nichts.[14]

Die bekanntesten Erfindungen, die Alan Turing zugeschrieben werden, sind der Turing-Test und die universelle Turing-Maschine, wobei der Test eher als exakt
formulierter Einfall zu bezeichnen wäre. Sinngemäß
handelt es sich bei der universellen Turing-Maschine
um eine Maschine, die jede Maschine sein kann, also
um einen Computer, auf dem beliebige Anwendungen
programmiert werden können. Turing hat den Nachweis

erbracht, dass für diese Simulation einer beliebigen Maschine nichts als ein Band benötig wird, auf dessen Feldern Nullen oder Einsen notiert oder gelöscht werden, also der grundlegende Binärcode, der einen Computer zum Arbeiten bringt.

Nicht erwähnt hat Turing die Notwendigkeit eines Peripheriegeräts. Der Laptop wird erst zum Drucker, wenn das entsprechende Gerät angeschlossen ist. Ohne Peripherie kann der Laptop zwar via Programm zum ideellen Drucker werden, drucken kann er aber nicht.

Der Turing-Test ist eine clevere Anordnung dergestalt, dass eine Prüfperson bei einem Gespräch oder der Vorlage eines Fragenkatalogs nicht mit Gewissheit entscheiden kann, ob es sich bei ihrem unsichtbaren Gegenüber um Mensch oder Maschine handelt. Wird die Ununterscheidbarkeit signifikant, hat die Maschine den Test bestanden. Ähnlich wird heute verfahren, wenn auf die Leistungsfähigkeit von ChatGPT oder von ähnlichen Assistenzsystemen hingewiesen werden soll. Dem System wird die Mathematik- oder Informatikklausur einer gymnasialen Oberstufe vorgelegt oder es wird aufgefordert, das Abstract eines Papers der Quantenphysik zu schreiben. Zugleich wird eine menschliche Vergleichsgruppe mit der Lösung der fraglichen Aufgabe betraut. Kommt eine signifikante Anzahl von Prüfpersonen angesichts der Ergebnisse bei der Frage »Maschine oder Mensch?« zu keinem genügend zutreffenden Urteil, so darf gemutmaßt werden, dass die KI über Fähigkeiten verfügt, die menschlichen Maßstäben genügen. Erkennt die Prüfgruppe bei geringen Abweichungen,[*] also ausreichend genau, welche Lösung vom Menschen und welche von der Maschine erbracht worden ist, hat das KI-System den Test nicht bestanden.[15]

Obgleich die Möglichkeiten aktueller Assistenzsysteme verblüffend sein mögen und wirken wie nie da gewesen, hat die Entwicklung früh begonnen. Ein Sprachanalyse-Programm namens *ELIZA*, bei dem entfernt eine Ähnlichkeit mit dem Turing-Test besteht, ist schon 1966 von Joseph Weizenbaum (1923–2008) entwickelt worden, der später mit seinem Buch *Die Macht der Computer und die Ohnmacht der Vernunft* (1977) als Kritiker der KI oder eher als Warner vor ihr hervortritt.

ELIZA simuliert auf geschickte Art ein Gespräch, zum Beispiel mit einem Psychologen oder Therapeuten, indem es die aus Antworten gewonnenen Informationen in Form von Fragen an den Probanden/Patienten zurückgibt oder anderweitig mit einer oft nichtssagenden Floskel den Dialog fortsetzt:

»Guten Tag, warum sind Sie heute bei mir?«
»Ich hatte als Kind Probleme mit meinem Vater.«
»Wie geht es ihrem Vater momentan?« etc.

---

[*] Auch ChatGPT-4 hat den Turing-Test nicht bestanden.

Nicht wenige Probanden haben durch die »verständnisvoll« wirkende Art der Gesprächsführung den Eindruck gehabt, es werde ihnen nicht nur suggeriert, sie säßen einem Psychotherapeuten gegenüber, sondern genau das sei der Fall. Heutzutage gilt ELIZA als Prototyp für Chatbots.

Obwohl bei einem regelmäßig ausgetragenen Wettbewerb kein Computer einen elaborierten Turing-Test hat bestehen können, wäre auch die Fortschreibung des Ergebnisses kein finaler Beleg für ein Scheitern der Ambition, eine stabile Nicht-Unterscheidbarkeit von Mensch und Maschine zu generieren.

Der Erfolg einer Maschine – zum Beispiel eines Chatbots, wie sie gegenwärtig gebräuchlich sind –, sich täuschend als Mensch auszugeben, wäre ebenfalls bloß bedingt interessant. Denn jeder Test operiert pragmatisch und muss mit einer endlichen Anzahl an Versuchen vorliebnehmen. Ein systematischer Beweis wäre er nicht.

An dieser Stelle soll ein kleiner Ausflug in die Welt der Science-Fiction erfolgen, zu einem Roman mit dem schönen Titel *Do androids dream of electric sheep?* von Philip K. Dick (1928–1982), der 1968 erschienen ist, zwei Jahre später als das Programm ELIZA. Der Film *Blade Runner* (1982) basiert auf diesem Werk.

Vier – möglicherweise fünf – sogenannte Replikanten schmuggeln sich, obwohl eigens für die Arbeit in extraterrestrischen Bergwerken gebaut, verbotenerweise zur

Erde zurück, weil sie wissen, dass die ihnen implantierte Zeitschaltuhr nach vier Jahren unweigerlich abläuft. Sie wollen einen Weg finden, um nach der festgelegten Dauer ihrer Existenz *nicht* zu sterben. Sie entwickeln also die Absicht, die dem unbedingten Willen zu überleben sämtlicher Lebewesen gleicht. Harrison Ford fällt im Film die Aufgabe zu, die Androiden, den Menschen zum Verwechseln ähnlich, zur Strecke zu bringen.

Interessant hinsichtlich des Turing-Tests ist der Einstieg in die Filmhandlung. Einer der Replikanten befindet sich in einer Prüfsituation und der Prüfer, der die Reaktionen des Prüflings, Augenreflexe u. Ä., auf die gestellten Fragen akribisch notiert, erkundigt sich nach der Mutter des Androiden, der daraufhin eine Pistole zieht und den Prüfer erschießt (»Meine Mutter? Ich erzähl' Ihnen was von meiner Mutter!«), weil er sich aufgrund der Frage enttarnt weiß.

Aufschlussreich im Kontext KI ist auch der von Pris (gespielt von Daryl Hannah) geäußerte Satz: »Wir werden sterben, weil wir dumm sind«, eine Selbsteinschätzung, die möglicherweise auf das Grundproblem von Künstlichen Intelligenzen verweist, wobei Dummheit – ähnlich wie die Hässlichkeit von Frankensteins Geschöpf – als Metapher verstanden werden sollte.

Später wird der Anführer der Entflohenen, Roy, gespielt von Rutger Hauer, dem verantwortlichen Erfinder der Replikanten gegenübertreten, ihn, zumindest in der deutschen Version, mit »Vater« anreden und ihn töten. Zutritt zum abgeschirmten Appartement des »Vaters« verschafft er sich, indem er seine Geisel, einen Angestellten der Firma, an der Gegensprechanlage einen genialen Schachzug ausführen lässt. Der Film spielt also den Aspekt der biologischen Zeugung gegen den Umstand der technischen Herstellung (plus Programmierung) aus.

AUFTRITT 4 – HERBERT A. SIMON (1916–2001) UND ALLEN NEWELL (1927–1992)

Wir haben mit Marvin Minsky den Herold einer starken KI kennengelernt und mit Alan Turing das erste Genie auf dem Gebiet. Mit Herbert A. Simon und Allen Newell betreten die Systematiker das Feld. Sie haben versucht, nach den Maßgaben der Wissenschaft zu beweisen, dass ein Physikalisches Symbolsystem (PSS) sowohl notwendige wie auch hinreichende Bedingungen für Intelligenz erfüllt beziehungsweise derartige Mittel respektive Fähigkeiten für eine allgemein intelligente Tätigkeit besitzt. Umgekehrt soll jede Intelligenz auf einem derartigen PSS beruhen beziehungsweise ein solches *sein*. Anders formuliert: Es soll gelten, dass Intelligenz allein von einem PSS hervorgebracht werden kann. Die Hypothese von Simon und Newell lautete 1976:[16] »A physical symbol system (such as a digital computer, for example) has the necessary and sufficient means for intelligent action.«[*] Wobei die Autoren noch einen Schritt weitergehen, indem sie Aussagen über den Aufbau des Gehirns treffen:[17] »Man is an information processor.«[**]

Damit machen sie sich die Position des *Kognitivismus* zu eigen. Er versteht das menschliche Gehirn als Digitalcomputer, der lediglich über eine andersgeartete Hardware als industriell gefertigte Computer verfügt. Nur wenig zugespitzt postulieren die beiden Wissenschaftler, dass Mensch und Maschine zwei Arten der Gattung PSS sind, weil sich die Zugehörigkeit darüber definiere, dass alle Gattungswesen über Intelligenz verfügten, deren Leistungsfähigkeit sich prinzipiell an der menschlichen Intelligenz zu bemessen habe. Um entsprechende Leistungen zu erbringen, müsse gemäß einem PSS verfahren werden. Im Einzelnen seien das die vier folgenden Schritte:

Beschreibung eines Aufgabenumfelds; Entwurf einer formalen Repräsentation; Umsetzung der

---

[*]   »Ein physikalisches Symbolsystem (wie ein Digitalcomputer) erfüllt die notwendigen und hinreichenden Bedingungen für intelligente Aktivität.« [Übersetzung vom Autor]
[**] »Der Mensch ist ein informationsverarbeitender Prozessor.« [Übersetzung vom Autor]

Repräsentation auf dem Computer; Implementierung eines Suchverfahrens (auch als heuristische Suche bezeichnet) zur Problemlösung.

Gut nachvollziehen lässt sich das Vorgehen, wenn man sich die Funktion eines Schachprogramms vor Augen führt: Zunächst werden Schachbrett, Figuren und Regelwerk beschrieben, einschließlich so scheinbar selbstverständlicher Regeln wie das Verbot, über den Rand hinauszuziehen, wobei die Figuren zusätzlich gewichtet werden und die Stärke von Stellungen zu berücksichtigen ist. Die formale Repräsentation des Sachverhalts wird als codierte in einer dem Computersystem adäquaten Programmiersprache formuliert. Und schließlich ist mithilfe eines geeigneten Suchprogramms der nächste erfolgversprechende Zug zu finden, um den gegnerischen König möglichst rasch matt zu setzen. Das, so die Behauptung, sei sowohl das Vorgehen eines intelligenten Menschen wie auch einer KI. Unterschiede in der Hardware – Chip-Architektur auf der einen, Nervenbahnen auf der anderen Seite – seien dabei nachrangig. Die PSS-Hypothese mag kühn klingen. 1976 schien sie plausibel.

Doch was motivierte Newell und Simon zu ihrer Hypothese? Zunächst klassifizieren sie die Computerwissenschaft als empirische Wissenschaft. Danach stellen sie die – nachvollziehbare – Behauptung auf, alle empirische Wissenschaft sei durch ein ihr zugrunde liegendes *Qualitatives Strukturgesetz* gekennzeichnet. Als Beleg gilt ihnen ein Analogschluss, indem sie auf Gesetze verwandter Art verweisen, die ebenso grundlegend für die entsprechenden Wissenschaftsgebiete seien wie ihre PSS-Hypothese für die Computerwissenschaft respektive die KI: die Keimtheorie in der Medizin, die Plattentektonik in der Geologie, die Zelldoktrin der Biologie und weitere. Mithin jede empirische Wissenschaft, und dazu gehöre die Computerwissenschaft, sei durch solch ein Gesetz fundiert. Um einen Eindruck vom Vorgehen der beiden Wissenschaftler zu geben, folgt die – etwas trockene – Beschreibung eines PSS:

Ein PSS besteht aus einer Menge von Symbolen. Symbole sind Einheiten. Der Gebrauch des Begriffs Symbol bedeutet keine Einschränkung auf menschliche Symbolsysteme. Symbole sind physikalische Muster. Physikalisch heißt, den Gesetzen der Physik gehorchend sowie faktisch in der stofflichen Welt existent. Als solche sind sie Bestandteile von Symbolstrukturen (Ausdrücken). Zu einem bestimmten Zeitpunkt enthält das PSS eine Sammlung von Ausdrücken und eine Sammlung von Prozessen, die Ausdrücke verarbeiten, um neue Ausdrücke herzustellen oder bestehende zu zerstören. (Die Nähe zur Turing-Maschine ist hier unverkennbar.) Ein PSS ist folglich eine Maschine, die Symbolstrukturen beziehungsweise Ausdrücke produziert. Ein derartiges PSS ist in einer Objektwelt vorhanden, die größer ist als das PSS selbst.

Um die Hypothese logisch angemessen zu beweisen, müssen Newell und Simon, da es sich um eine Äquivalenzbeziehung handelt, sowohl den Nachweis führen, dass das menschliche Gehirn ein »information processor« ist, als auch aufzeigen, dass es KI-Systeme gibt, die den behaupteten Ansprüchen genügen.

Ohne ins Detail zu gehen: Der Beweis ist seinerzeit in die eine wie in die andere Richtung gescheitert. Weder ließ sich nachweisen, dass das menschliche Gehirn – gemäß dem Ansatz des Kognitivismus – wie ein Digitalcomputer funktioniert (auch heute hat man größte Zweifel daran), noch wurden in den Folgejahren Maschinen entwickelt, die den Turing-Test bestanden hätten oder (annähernd) menschlich intelligent aufgetreten wären – mit Ausnahme solch pfiffiger Programme, die ähnlich wie ELIZA funktionieren und ihr Gegenüber geschickt täuschen.

Bei spezifischen Anforderungen in genau umrissenen Gebieten gibt es jedoch erstaunliche Erfolge. Als Beispiel mag erneut die Schachprogrammierung dienen, manchmal als Drosophila der KI bezeichnet und ein in der Forschung lange Zeit mit erheblichem Ehrgeiz vorangetriebenes Gebiet – gewiss auch wegen der äußerst präzise zu umreißenden Aufgabe.[*] Aber erst 1997 gewinnt die Maschine »Deep Blue« unter Turnierbedingungen gegen Garri Kasparow, einen der stärksten Spieler der Schachgeschichte, der bis 1993 offizieller Weltmeister ist und bis 2000 als inoffiziell weltbester Schachspieler gilt. Allerdings sollte bedacht werden:

> Die wachsende Spielstärke dieses Computers beruhte nicht, wie gelegentlich geäußert ... wurde, auf der Wissenschaft der Intellektik, sondern auf der Optimierung aller Systemkomponenten: Rechenleistung, Algorithmen, Bibliotheken.[18]

Diese Anmerkung macht die Schwierigkeit der Schachprogrammierung deutlich, den prinzipiellen Unterschied zwischen dem Vorgehen von Maschine und Mensch, und wirft trotz der sehr genau definierten Aufgabe ein Schlaglicht auf die Frage nach der Möglichkeit einer starken KI.

---

[*] Hinsichtlich historischer Vorläufer vergleiche zum Beispiel den »Schachtürken«, auch »Mechanischer Schachspieler« genannt. Ein scheinbarer Schachroboter, der 1769 vom österreichischungarischen Hofbeamten Wolfgang von Kempelen gebaut wurde; im vermeintlichen Automaten kauerte ein kleinwüchsiger Mensch

Dass Computer – oder auch Roboter – trotz dieser Erfolge, die heutzutage um vieles verblüffender ausfallen, aus *systematischen* Gründen dennoch nicht als menschlich intelligent gelten können, zeigt sich schon in den 1970er-Jahren. Da auch heute die Idee, Maschinen könnten solche Fähigkeiten *aus sich heraus* entwickeln und Menschen an Intelligenz potenziell übertreffen, immer wieder auftaucht, soll abschließend eine Annahme genannt werden, die Newell und Simon nicht explizit herausstellen, die jedoch implizit in der Beschreibung des PSS zum Ausdruck kommt.

Die Annahme lautet: Ein PSS, das zu allgemein menschlicher Intelligenz befähigt sein soll, muss *ausreichend komplex* sein. Weder eine programmierbare Waschmaschine noch avancierte Taschenrechner erfüllen diese Bedingung, ebenso wenig wie ein Roboter, der den Rasen mäht oder staubsaugen kann und auf Marker im Raum plausibel reagiert. Und auch ein Spracherkennungssystem, das mit sanfter Stimme wohltönende Antworten gibt, wirkt in der Hinsicht nicht überzeugend.

AUFTRITT 5 – HUBERT L. DREYFUS (1929–2017), TERRY WINOGRAD (1946) UND FERNANDO FLORES (1943)

Hubert L. Dreyfus, ein US-amerikanischer Philosoph und Heidegger-Spezialist, hat sein berühmtes Buch *What computers can't do*[19] 1972 publiziert, vier Jahre vor Newells und Simons PSS-Hypothese. Als Reaktion auf das Paper »Computer Science as Empirical Enquiry: Symbols and Search«, in dem die PSS-Hypothese zum ersten Mal vorgestellt wird, erscheint 1979 eine überarbeitete Fassung. Als profiliertester Kritiker des Postulats einer starken KI gilt Dreyfus schon zuvor.

Terry Winograd, Schüler u. a. von Marvin Minsky und am MIT, der Wiege der KI-Forschung, promoviert, ist mit einem frühen KI-Programm hervorgetreten: der Klötzchen-Welt *SHRDLU*. Das Programm, gemeinsam mit Minsky und Seymour Papert am dortigen AI-Lab entwickelt und 1972 veröffentlicht, reagiert auf Befehle in natürlicher Sprache und verschiebt planvoll Klötze in der entsprechenden »Welt«. Der Name SHRDLU hat, von Winograd mit Bedacht so gewählt, angeblich keinerlei Bedeutung.

Kritiker haben den Erfindern von SHRDLU vorgehalten, das Programm operiere in einer Spielzeugwelt, die nahezu keine adäquate Entsprechung in der Realität habe und mit ihr insofern kaum korrespondiere.[20] Dennoch sind die Erfolge der an SHRDLU anknüpfenden Systeme in der Anfangszeit beträchtlich gewesen.

Bedeutsam ist Winograds Begegnung mit Fernando Flores, einem chilenischen Kybernetiker, der unter Salvador Allende von 1972 bis zum Pinochet-Putsch am 11. September 1973 Leiter der Wirtschaftsförderungsbehörde und somit für die Verstaatlichung der chilenischen Industrie zuständig war. Gemeinsam mit dem Briten Stafford Beer versucht er, neueste kybernetische Erkenntnisse zur Anwendung zu bringen. Flores wird im Zuge des Putsches verhaftet, etwa drei Jahre lang in verschiedenen Lagern gefangen gehalten, bis er, mit Unterstützung von Amnesty International, 1976 mit seiner Familie nach Kalifornien emigrieren kann. Dort schreibt er mit Winograd das 1986 erschienene Buch: *Understanding computers and cognition: a new foundation of design.*[21] Die Widmung im Werk lautet: *Für das chilenische Volk.*

Da sich sowohl Dreyfus als auch Winograd und Flores in ihrer Kritik an der PSS-Hypothese, damit der starken KI, an Martin Heidegger (1889–1976) orientieren, beschränke ich mich auf das später publizierte Buch, obwohl es weniger bekannt sein dürfte. Zudem kommen die Autoren, anders als der Philosoph Dreyfus, aus der Praxis der Computerwissenschaft beziehungsweise der Kybernetik.

Die Kritik von Terry Winograd und Fernando Flores, ebenso wie die von Hubert Dreyfus vorgebrachte, argumentiert, ohne auf die Beschaffenheit und den Aufbau des menschlichen Gehirns abstellen zu müssen, indem sie die Bedingtheit menschlicher Intelligenz zum Ausgangspunkt macht. Zusammengefasst lautet die Kritik: Mit der Geburt ist der Mensch *in der Welt*, folglich zum Handeln gezwungen, weshalb ihm die Gegenstände dieser Welt zunächst *zuhanden* sind: Er muss mit ihnen umgehen. Als *vorhandene* treten sie ihm – erst – entgegen, wenn sich eine Krise bei der oder durch die Handhabung der Dinge ergibt.

Die daraus resultierende Erkenntnis wird durch eine perspektivische Beschränkung erkauft, eine Verengung der kontextuellen, situativen Gesamtheit auf bestimmte Aspekte der Gegenstände, die nun als vorhandene adressiert sind: um mit ihnen auf die Weise einen distanzierten und daher stärker fokussierten Umgang zu erreichen.

Die Distanz und die notwendig damit einhergehende, von den Autoren *Blindheit* genannte perspektivische Beschränkung kennzeichnen das Verhältnis des Programmierers zum Programm, folglich zu den Objekten der Welt, die darin repräsentiert sind. Insofern kann das Programm der Maschine die – codierten – Gegenstände und Sachverhalte nur als *vorhandene* behandeln, ein Vorgang, der zwingend nachgängig sein muss. Vorgängig ist die *Zuhandenheit* der Dinge der Welt.

Mit anderen Worten: Ohne das zwangsläufige Ge-stellt-Sein des Körpers in Handlung, der auszuweichen unmöglich ist, kann Intelligenz nicht ausgebildet wer-den. Insofern ist menschliches Verstehen als Grundlage jeder intelligenten Fähigkeit immer an einen konkreten Kontext in der Welt gebunden. Wenn wir den Gedanken weiter ausführen, so muss die Einheit von Körper und Gehirn als Produkt der evolutionären Entwicklung des Menschen begriffen werden. Was in der ersten Anmu-tung simpel und selbstverständlich klingen mag, hat für die KI-Diskussion erhebliche Konsequenzen.

AUFTRITT 6 – INTELLIGENZ UND KÖRPER

Die zwingende Verknüpfung von Intelligenz und Kör-per, wie sie von Winograd und Flores, aber auch von Dreyfus mit Bezug auf Heidegger ins Zentrum ihrer Ar-gumente für die Unmöglichkeit einer starken KI gestellt wird, generiert eine zirkuläre Schlussfigur oder lässt diese Gefahr zumindest aufscheinen.

In einer Fußnote am Ende seines Buchs *Was Compu-ter nicht können* würdigt und kritisiert Hubert L. Dreyfus das erwähnte Buch von Joseph Weizenbaum *Die Macht der Computer und die Ohnmacht der Vernunft*, indem er auf die vom Autor verwendete Dichotomie einer »infor-mellen Alltagsintelligenz« des Menschen in Opposition zur formalisierbaren »fremden« Intelligenz der Maschine abhebt.

> Doch diese Vorstellung von einer fremden Intelligenz …, diese Vorstellung ist nichts anderes als eine neue Variante der philosophischen Illusion von einer reinen Vernunft. Wenn wir akzeptieren, dass unser Begriff von Intelligenz wesentlich mit dem Wissen davon verknüpft ist, was in bestimmten Kontexten von Bedeutung ist, dann können wir unmöglich etwas darüber aussagen, wie eine absolut fremde Intelligenz beschaffen sein könnte.[22]

Diese Sentenz lässt sich dahingehend erweitern, dass menschliche Intelligenz nur mit »Körper-in-der-Welt« zusammengedacht werden kann. Anders ausgedrückt ließe sich sagen, dass der Umstand, menschliche Intelligenz sei durch das »Menschsein des Menschen« (im: »Kontext Welt«) bestimmt, die Gefahr eines Zirkelschlusses nahelegt. Denn dadurch wäre die menschliche Intelligenz derart eng mit eben dem Menschsein des Menschen verkoppelt, dass eine andere Form der Intelligenz, die als solche zu bezeichnen wäre, undenkbar und insofern unmöglich wäre. Fremde ebenso wie Künstliche Intelligenz könnte qua Definition nicht vom Menschen erkannt, viel weniger programmiert werden.

Der Begriff Intelligenz hätte damit, nicht nur in Bezug auf eine mögliche »fremde« Intelligenz, jede analytische (Trenn-)Schärfe verloren. Er würde fugenlos in der Kategorie Menschsein aufgehen. Der Intelligenzbegriff wäre untrennbar verbunden mit dem menschlichen Körper. Eines ohne das andere könnte es nicht geben. Allein der menschliche Körper besäße – zwingend und automatisch – Intelligenz, wenn auch in unterschiedlichem Maß.

Folgt man der Argumentation, ist es wenig verwunderlich, dass Intelligenz ein bislang vager Begriff geblieben ist und dass in der Wissenschaft diverse Definitionen kursieren. Ein Begriff, der eine Eigenschaft des Menschen genauer fassen soll, zugleich jedoch als »das Menschliche« per se fungiert, wirft ein ähnliches Problem auf, wie eine Farbe, die als farbig kategorisiert wird – sie ist in ihrer spezifischen Charakteristik nicht eingehender beschrieben, als es ohne die Nennung »farbig« der Fall wäre.

Obwohl wir, wenn von menschlicher Intelligenz die Rede ist, eine adäquate Vorstellung von der Sache zu haben meinen, scheint die Intuition zu täuschen.

Gemäß der von Winograd und Flores, aber auch der von Dreyfus vorgestellten Argumentation gilt: Mensch ist, wer intelligent ist – und intelligent ist, wer ein Mensch (mit einem Körper) ist.

Dieses Argument legt nicht nur das Problem des Zirkelschlusses nahe, es weist zudem andere Schwierigkeiten auf. Zum einen stellt sich die – auch ethische – Frage, wie Menschen zu »beurteilen« wären, die über eine geringere Intelligenz verfügen. Zum anderen ist darüber nachzudenken, wie ein Verhalten von Tieren (vor allem Primaten) einzuordnen wäre, wenn Fähigkeiten erkennbar sind, die offenkundig eine große Ähnlichkeit mit menschlich intelligentem Verhalten aufweisen, über Wahrnehmungs- und Sehfähigkeit aber hinausgehen.

Am Ende des Kapitels finden wir uns in einer seltsam zwiespältigen Situation: Einerseits wird von den Kritikern der Position einer starken KI schlüssig und mit guten Argumenten gezeigt, dass eine KI gemessen am menschlichen Potenzial kaum denkbar ist, weil das »Gestellt-Sein-in-Handlung« eines Körpers nicht der Fall ist. Andererseits ist durch die enge Verkopplung von menschlichem Körper und Intelligenz der Gehalt des Begriffs verwässert, sodass wir wenig mehr wissen, als zu Beginn der Betrachtung mit Goethe und Shelley zu ahnen war: Menschlicher Geist braucht den Körper im Kontext der Welt, mithin in einer sozialen Gemeinschaft, die ihm die Welt in ihrer Dinghaftigkeit vermittelt.

AUFTRITT 7 – ROBOTER

Da in den vorherigen Kapiteln eine besondere Betonung auf dem Aspekt des Körpers lag, soll im Folgenden auf frühe Roboter eingegangen werden, die im Gegensatz zu Computern über die Möglichkeit verfügen, sich in der Welt zu bewegen. Darunter verstehe ich alle Arten von Robotern, deren Programmierung wesentlich dem kognitivistischen Ansatz folgt.

Das Wort entstammt dem Tschechischen. *Robota* kann mit Zwangsarbeit oder Frondienst übersetzt werden. Die Bezeichnung taucht erstmals 1920 beim Literaten Karl Čapek auf, der es in einem Theaterstück für in einem Tank gezüchtete Arbeiter benutzt. Von der Informatik ist der Begriff später adaptiert worden.

Frühe Beispiele sind die von Homer in der Ilias geschilderten künstlichen und intelligenten Dienerinnen, deren Herstellung Hephaistos, dem Gott der Schmiedekunst, zugeschrieben wird und die Handwerke erlernen konnten, oder die um 1200 n. Chr. vom mesopotamischen Ingenieur Al-Dscharazi erfundenen und beschriebenen mechanischen Apparaturen, teils figürlicher Art.

Oft wurden die Entwicklungen der staunenden Öffentlichkeit als Zaubergefäße o. Ä. präsentiert. Wir erinnern uns in dem Zusammenhang an den ersten Auftritt des Begriffs »Künstliche Intelligenz«, der 1955 dazu dienen sollte, Geld für eine Konferenz im Folgejahr zu akquirieren. Die Mittelgeber für derlei Zwecke waren in den Jahren der frühen Euphorie nicht nur Stiftungen, sondern durchaus auch Ministerien wie das Verteidigungsministerium der USA.

Roboter haben den Vorteil, dass sie als bewegte Automaten menschlich wirken können. Der Bildschirm auf der Arbeitsplatte und ein rauschendes Aggregat zu unseren Füßen machen die Vorstellung von einer dem Menschen adäquaten Intelligenz hingegen nicht unbedingt leicht. Der systematischen Diskussion einer Möglichkeit starker KI fügen diese frühen – humanoiden – Roboter wenig hinzu.

Fähigkeiten wie das Treppensteigen zu programmieren und Automaten zu erschaffen, die halbwegs geschmeidig mit der Bewältigung von Stufen zurechtkommen, dauerte seine Zeit. Vielleicht sind die von Toyota entwickelten, gutmütig und tölpelhaft wirkenden Gesellen aus weißem Blech mit den eckigen Füßen ein Sinnbild für die praktischen Schwierigkeiten, die das Ziel, humanoid erscheinen zu wollen, mit sich bringt. Die Diskussion der Frage nach einer Intelligenz gemäß menschlichem Maßstab gewinnt durch die Fähigkeit der Maschinen, sich im Raum bewegen zu können, zunächst aber keine neue Qualität.

Dennoch haben gerade Roboter seit jeher anregend

auf die in Film und Literatur dargebrachten Fantasiewelten gewirkt. Isaac Asimov (1920–1992), einer der bekanntesten Science-Fiction-Autoren seiner Zeit, der Computer als »stationäre Roboter« bezeichnet, nimmt in seiner Prosa vielfach das Motiv der Moral auf.

Indem er in einem ersten »Robotergesetz« das Verdikt formuliert, ein Roboter dürfe keinem Menschen Schaden zufügen, und in einem zweiten den Gehorsam der Maschine gegenüber dem Menschen festschreibt – wenn es nicht dem ersten Gesetz widerspräche –, bringt er implizit die Angst zum Ausdruck, das Wesen könne sich gegen seinen Schöpfer wenden, eine Angst, mit der Mary Shelley in ihrem *Frankenstein*-Roman so großartig spielt.[*]

Seine drei[**] Gesetze erweitert Isaac Asimov später um ein nulltes, das besagt, die Menschheit dürfe durch das Handeln eines Roboters keinen Schaden leiden. Im Film »I, Robot« (2004), der auf Erzählungen Asimovs beruht, wird der Widerspruch, der sich aus den Gesetzen

---

[*] Vgl. auch Überschriften wie: »OpenAI arbeitet an einer mysteriösen Künstlichen Intelligenz – darum könnte sie die Menschheit bedrohen, sagen Kritiker«, in: *Business Insider Deutschland*.

[**] Die drei Gesetze in Kurzform: 1. Ein Roboter darf kein menschliches Wesen verletzen. 2. Ein Roboter muss den ihm vom Menschen gegebenen Befehlen gehorchen (es sei denn: Widerspruch zu 1.). 3. Ein Roboter muss seine Existenz schützen (es sei denn: Widerspruch zu 1. und/oder 2.)

ergeben kann, geschickt thematisiert. Wie in den Lehr-stücken Bertolt Brechts (*Die Maßnahme*) oder Heiner Müllers (*Mauser*) wird ein Gegensatz konstruiert zwischen dem Geschick des Kollektivs – hier: der Menschheit insgesamt – und dem Wohlergehen Einzelner.

Sonny, der zentrale Android in *I, Robot*, folgt dem Antrieb, der Menschheit Gutes zu tun, muss aber dafür eventuell Individuen opfern und eine Maschinendiktatur errichten. Eine moralische Antinomie, die auf verschiedene Aspekte maschineller Intelligenz verweist. Zunächst auf die Frage der Moral: Isaac Asimov hat mit der Formulierung seiner Gesetze darauf hingewiesen, dass ethische Grundsätze durch Menschen implementiert werden müssen. Nicht die Maschine generiert Moral, sondern die programmierende Instanz entscheidet über den ethischen Kodex.

Im fraglichen Film entsteht für den Androiden ein Dilemma. Und obwohl davon auszugehen ist, dass der KI im fraglichen Fall die Transistoren verschmoren oder sie sich anderweitig »aufhängt«, verweist das Verhalten des Wesens auf eine weitere Frage, die nach einer möglichen Intention des Androiden. Um einen Ausweg aus dem Dilemma zu finden, Menschen zu schaden (Verstoß gegen das erste Gesetz) und damit die Menschheit eventuell zu retten (Erfüllen des nullten Gesetzes), ist die Maschine genötigt, eine Absicht zu entwickeln. Sie muss Prioritäten gehorchen, die dem persönlich generierten Ziel genügen. Woher das Wesen dieses Ziel nimmt, darüber gibt der Film keine Auskunft.

Ein dritter Aspekt, den der Film zumindest implizit anspricht, weist zurück auf die systematische Erörterung der starken KI. Die frühen Roboter haben zwar einen Körper, bleiben im »situativen Kontext«, auf den vor allem Dreyfus besteht, dennoch ohne Verständnis für die Situation. »Verstehen« können sie ausschließlich, was ihre Programmierung als Spezifik der jeweiligen Umstände von »Situation im Allgemeinen« definiert. Ebenso wie alle kognitivistisch ausgelegten KI-Systeme könnte man sie als weitgehend »inselbegabte Maschinen« bezeichnen – eine Metapher, die als Bild zu lesen ist und darauf verweisen soll, wo die Brüche gegenüber sich selbstverständlich in der Welt bewegenden Menschen zu suchen sind.

Die von einer konkreten Gegebenheit zur nächsten sich wandelnden Details sind für die Maschine unmöglich zu erfassen, wenn die Definition von »Situation«, der Rahmen, in den das System gezwungen ist, sie nicht vorsieht. Sowohl den kognitivistischen Computern als auch den entsprechenden Robotern fehlt als vermeintliche KI das Verständnis für den Kontext, in den der Mensch gestellt ist, in dem er von Beginn an handeln muss, der sich ihm auf diese Weise nach und nach erschließt und innerhalb dessen er seine Intelligenz genötigt ist zu entwickeln.

AUFTRITT 8 – JOHN ROGERS SEARLE (1932)

John R. Searle ist sicherlich einer der fundiertesten Denker der Gegenwart. Seine Kritik am Kognitivismus konzentriert sich auf Struktureigenschaften und die systematische Bedingtheit der zu verarbeitenden Information im Computer einerseits und andererseits im menschlichen Gehirn. Wenn, so seine These, die Art, wie die *Struktur der Information* in der Maschine vorliegt, mit der Weise, wie das menschliche Gehirn mit den zu verarbeitenden Entitäten umgeht, nicht sinnvoll zu vergleichen, schon gar nicht zur Deckung zu bringen ist, dann sind Gehirn und Digitalcomputer zwei verschiedene Dinge.

Searles Argumente sind von erheblicher Bedeutung, weil sie den Zirkelschluss vermeiden, der aus den Einwänden von Dreyfus respektive Winograd und Flores – möglicherweise – folgt, und weil sie zumindest zum Teil auch bei den neueren KI-Entwicklungen nutzbar gemacht werden können.

Bekannt geworden ist Searle im Kontext der KI-Diskussion zunächst mit dem Gedankenexperiment vom »chinesischen Zimmer«,[23] das zusammengefasst so beschrieben werden kann: Eine Person, des Chinesischen nicht mächtig, wird in einem Zimmer eingeschlossen. Im Raum sind Karteikarten, auf denen sich chinesische

Worte und Schriftzeichen befinden, sowie ein Katalog mit Regeln,* der den adäquaten Umgang mit den Karten eindeutig festschreibt. Der Person wird ein chinesischer Text und ein Zettel mit Fragen zum Text in den Raum gereicht. Die Fragen sollen beantwortet werden. Karten und Katalog sind derart vollständig und exakt, dass die Person in der Lage ist, allein aufgrund der mechanischen Anwendung der Regeln die formal richtigen Antworten auf einem Zettel zu notieren und hinauszureichen. Wie unschwer zu erkennen ist, verhält sich die Person wie ein Computer. Searle ist der Ansicht, dass die Person, obwohl sie sich formal korrekt verhält und den entsprechenden Turing-Test bestehen würde, kein Chinesisch versteht.

Das gewichtige Gegenargument der KI-Forscher zu Searle findet sich in der Aussage[24]

dass es zwar stimme, dass die Person im chinesischen Zimmer Chinesisch nicht verstehe [sic!]. Die Person aber sei nur Teil des Gesamtsystems Person + Karteikarten + Regelkatalog. Das Zimmer insgesamt verstehe sehr wohl Chinesisch, denn es könne die chinesischen Fragen korrekt beantworten.[25]

---

* Die Regeln haben (in etwa) die Form: »Dem Kringel-und-Schnörkel-Zeichen muss das Haken-und-Ösen-Zeichen folgen« etc.

Interessant an dem Gedankenexperiment sind zwei Aspekte. Zum einen, dass die Argumentation um das »Chinesische Zimmer« das Verhältnis von Syntax und Semantik zum Gegenstand hat. Zum anderen die Frage, inwieweit einer gegebenen Syntax die Semantik (Bedeutung) vom »außenstehenden Benutzer« angetragen – oder: *zugewiesen* – werden muss. In gewissem Sinn analog geht es im weiteren Gedankengang von Searle um das Verhältnis von Physik (oder physikalischer Struktur) und Syntax, um eine Frage also, deren inhaltliche Nähe zur PSS-Hypothese von Newell und Simon unmittelbar klar wird. Searle geht in seiner Kritik von der Frage »Ist das Gehirn ein Digitalcomputer?« aus; und daraus folgend: »Sind Gehirnvorgänge Berechnungsprozesse?«

Zunächst fasst er den Ansatz der von ihm so bezeichneten »Kognitivisten«, der sogenannten *klassischen* KI-Forscher, zusammen, der dem Vorgehen gemäß der PSS-Hypothese von Newell und Simon entspricht. Nach Searle stellen die Kognitivisten folgende Behauptung auf: Der Mensch löse bestimmte Probleme, indem er bewusst Algorithmen anwende, das heißt, Symbole gemäß einer Syntax manipuliere. Ein Digitalcomputer löse Probleme *immer*, indem er Algorithmen anwende, das heißt, indem er Berechnungsprozesse (Computations) ausführe. Wenn davon auszugehen ist, dass der Mensch auch beim nicht bewussten Lösen von Problemen, also bei jedem allgemein intelligenten Verhalten entsprechende Berechnungsprozesse ausführt, das heißt, Symbole gemäß einer Syntax manipuliert, dann sind die Prozesse im Computer nicht nur das Modell, sondern das Duplikat der Vorgänge im menschlichen Gehirn. Mithin gelte: Die Kenntnis intelligenter KI-Programme ist auf einer bestimmten mentalen Ebene dem Verstehen menschlicher Intelligenz identisch. Das bedeutet nichts anderes, als dass menschliches Denken Informationsverarbeitung ist – wie in der PSS-Hypothese postuliert.

Searles grundlegender Einwand wird in folgenden Schritten vollzogen: Syntax ist der Physik nicht intrinsisch. Das heißt, ein Symbol ist zwar als physikalisches Muster vorhanden, aber es wird zum Symbol im syntaktischen Sinn erst durch die entsprechende Zuweisung. Die Zuweisung erfolgt zwingend von außen durch eine externe Instanz. Ein geeignetes physikalisches Muster wird – erst – zum Symbol, indem es eine äußere Instanz, zum Beispiel ein implementierendes Medium (der Mensch), in genau dieser Weise interpretiert.

Der dem Kognitivismus endemische Homunkulus-Fehlschluss hingegen stellt nach Searle das menschliche Gehirn als etwas dar, das (irgend-)einen inneren Akteur enthält, der es wie einen Computer benutzt. Wo dieser Akteur sitzen soll und woher er kommt, bleibt unklar. Weiterhin: Begreift man den Computer und das implementierende Medium, den Programmierer, als Einheit, so handelt es sich um ein logisch-kausales System.

Das Gehirn als biologisches Organ ist hingegen kein logisch-kausales System. In ihm laufen neurophysiologische (elektrochemische etc.) Prozesse ab, die – eventuell – ein Muster ergeben, das den physikalischen Mustern im Computer, denen eine Syntax zugewiesen worden ist, formal ähnlich sein kann. Dennoch wäre auch einem derartigen Muster im Gehirn weder eine Syntax intrinsisch noch haben die neurophysiologischen Vorgänge aus sich heraus kausale Kraft. Das heißt, sie erklären in erster Näherung nichts.

Im Digitalcomputer wird gemäß den implementierten Vorgaben eines externen Akteurs aus einem Input ein korrelierender Output erzeugt, der syntaktisch (und semantisch) interpretiert wird. Syntax und Semantik werden zugewiesen. Im menschlichen Gehirn hingegen vollziehen sich neurophysiologische Ereignisse, denen *an sich* weder eine Syntax noch eine Bedeutung intrinsisch ist oder *aus sich heraus* zukommt. Da auch keine externe Instanz eine entsprechende Zuweisung vornehmen könnte, findet im Gehirn keine Informationsverarbeitung statt, die dem Prozess in einem Digitalcomputer äquivalent wäre. Die Art und Weise des Umgangs mit Informationen muss laut Searle im Gehirn eine andere sein als in der CPU einer Maschine.

Obwohl das Gehirn folglich keinen Digitalcomputer simuliert – und man auch keinen Computer im Gehirn entdecken kann –, können Gehirnvorgänge auf Digitalcomputern – als schwache KI – simuliert werden. Die nichtvorhandene symmetrische Relation wie Newell und Simon trotzdem zu behaupten, hieße, »Wirklichkeit *[Gehirn]* mit dem Modell *[Digitalcomputer]* zu verwechseln«.[26]

Das Gehirn, so Searle, sei kein Digitalcomputer. Der »endemische Fehlschluss« der Kognitivisten verweist auf die logischen Schwierigkeiten des Dualismus im Hinblick auf das Leib-Seele-Problem (respektive die Frage nach dem Verhältnis von Körper und Bewusstsein).

Es soll an dieser Stelle nicht auf die sich unmittelbar auftuende Frage, was im Gehirn auf welche Weise geschieht, eingegangen werden. Es sei nur auf das »Manifest der Hirnforscher« verwiesen, in dem dargelegt wird, dass die Neurologie zwar mit der Klärung der Vorgänge auf der Ebene der Neuronen weit fortgeschritten sei und ähnlich fundierte Aussagen auf der Makroebene des Gehirns hinsichtlich der Areale sowie ihrer Aufgaben gemacht werden können, dass aber die Funktion der mittleren Ebene, des bedeutenden Bereichs zwischen Neuronen und Arealen, mithin des *Zusammenspiels,* weitgehend ungeklärt sei.[27]

Wie das menschliche Gehirn operiert, darüber kann Searle nichts sagen. »Das Gehirn ist kein logisch-kausales System« – was ist es dann? Wer oder was sorgt dafür, dass aus Mustern Symbole werden? Searle umgeht die Schwierigkeit, indem er sich darüber ausschweigt. Vielleicht verhält es sich so, wie von Turkle zitiert:

In ihren Augen ist die Behauptung, es müsse ein denkendes Subjekt, ein ›Ich‹ geben, damit Denken stattfinden kann, wie Minsky es gern ausdrückt, ›vorwissenschaftlich‹. Das heißt, es stammt aus Zeiten, als es noch keine wissenschaftlichen Modelle des Denkens gab. Der AI-Wissenschaftler gehört einer Kultur an, in der die feste Überzeugung herrscht, dass es zum Denken keines einheitlichen Wesens bedarf.[28]

Diese Fragen reichen allerdings weit über die Kritik des Kognitivismus hinaus. Als Kernaussage bleibt festzuhalten: Syntax ist der Physik nicht intrinsisch. Muster werden erst qua Zuweisung einer syntaktischen Struktur zu Symbolen. Aus sich heraus besitzen Muster keinerlei Ikonizität. Die Zuweisung muss durch eine externe Instanz erfolgen, gemeinhin den Programmierer. Erst als programmierte funktioniert die »KI« beziehungsweise der Digitalcomputer logisch-kausal. Simulationen von Gehirnvorgängen auf Computern stellen eine Modellierung dar, ein Modell, das mit der Wirklichkeit nicht verwechselt werden darf. Der endemische Fehlschluss des kognitivistischen Ansatzes besteht darin, einen *inneren Akteur* anzunehmen, der das Gehirn wie einen Digitalcomputer benutzt. Einen solchen Akteur gibt es nicht.

AUFTRITT 9 – KONNEKTIONISMUS

Während der Kognitivismus postuliert, dass das menschliche Gehirn wie ein Digitalcomputer funktioniere, indem es Informationen repräsentiere, speichere und verarbeite (PSS-Hypothese), geht der Konnektionismus davon aus, das menschliche Gehirn könne technisch nachgebaut oder es könnte jedenfalls eine ausreichende Annäherung an einen Nachbau erreicht werden, indem eine erhebliche Zahl parallel arbeitender Einheiten – »Neuronen« – geeignet miteinander verbunden werden.

Die dazugehörige Architektur fungiert unter dem Begriff »Neuronales Netz«, eine Bezeichnung, die die Nähe zum menschlichen Gehirn suggeriert. Der Unterschied in der Arbeitsweise der Maschinen besteht also darin, dass die klassische oder sogenannte Von-Neumann-Architektur der Computer Probleme wesentlich *sequenziell* abarbeitet (kognitivistischer Ansatz), während in Neuronalen Netzen (konnektionistischer Ansatz) ein Aufbau vorliegt, der sich am menschlichen Gehirn orientiert und viele kleine, im Wesentlichen *parallel* arbeitende Recheneinheiten miteinander vernetzt.

Auf praktischer Ebene könnte man davon sprechen, dass diese Technologie eine Abkehr von der Inselbegabungs-KI darstellt, die durch den Kognitivismus befördert worden ist und sich im Begriff des »Expertensystems« wiederfindet. Das zentrale Element oder auch das ursprüngliche Bauteil, auf das dieser Ansatz zurückgeht, ist das *Perzeptron*, von dem im nächsten Kapitel die Rede sein soll. Allgemein wird zu klären sein, ob Neuronale Netze derart verschieden von den durch die PSS-Hypothese adressierten Systemen des Kognitivismus sind, dass von einem gänzlich anderen Zugriff in Bezug auf Künstliche Intelligenz auszugehen wäre.

Zudem muss diskutiert werden, ob insbesondere die neuesten Systeme, die ein Werkzeug wie ChatGPT ermöglichen, von einer solchen Komplexität sind, dass von einem qualitativen Sprung gesprochen werden kann. Anders ausgedrückt: Ob ein emergentes Verhalten zu erwarten sein könnte, das Intelligenz wie auch Bewusstsein im Zusammenhang mit der Maschine plausibel erscheinen lässt.

AUFTRITT 10 – DAS PERZEPTRON

Der Vorläufer der Perzeptron-Technologie ist – verhältnismäßig – alt. Schon 1943 stellten der Neurophysiologe Warren McCulloch und der Logiker Walter Pitts das von ihnen so bezeichnete »Neuron« vor. Es handelt sich um ein logisches Schwellwertelement, das über mehrere Eingänge und einen Ausgang verfügt.

In der klassischen Schaltalgebra funktionieren die als

Logikgatter bezeichneten Schaltelemente so, dass gewöhnlich aus zwei binären Eingangssignalen (o oder 1) ein ebenfalls binäres Ausgangssignal wird. Da die Schaltalgebra[*] isomorph (deckungsgleich) zur Aussagenlogik ist, gibt es folglich die Schaltelemente »logisches UND«, »logisches ODER« usw. Das »logische NICHT« stellt insofern eine Ausnahme dar, als es nur über einen Eingang verfügt, dessen Signal genau konvertiert wird – aus o wird 1 und umgekehrt. o und 1 lassen sich elektronisch so realisieren, dass sie mit »Schalter geschlossen« respektive »Schalter geöffnet« übersetzt werden können und von daher – logisch und elektronisch – die ideale Grundlage für den Bau von Mikroprozessoren abgeben. Zur Illustration sei das logische UND-Gatter skizziert: Sein Ausgang wird nur 1, wenn beide Eingänge zugleich 1 sind.

Bei einem logischen (wie auch elektronischen) Schwellwertelement sind die Eingangssignale zwar ebenfalls diskret (o oder 1). Es können jedoch mehr als zwei Eingänge vorhanden sein (was auch bei der klassischen Schaltalgebra als Erweiterung denkbar ist). Vor allem aber werden die Eingänge gegeneinander gewichtet, wodurch die Summe aller Eingangssignale kontinuierliche Werte annehmen kann. Gewichtung bedeutet zum Bei-

---

[*] Allgemeiner auch Boolesche Algebra genannt, nach George
    Boole (1815–1864) und dessen Logikkalkül von 1847.

spiel: Eingang A zählt die Hälfte, Eingang B ein Drittel und Eingang C ein Achtel von 1.

Wird durch das Aufsummieren dieser gewichteten Eingangswerte ein bestimmter Schwellwert (oder: Grenzwert) überschritten, dann »feuert« das sogenannte Neuron, das heißt, das Ausgangssignal wird 1. Solange der fragliche Schwellwert nicht erreicht wird, bleibt der Ausgang 0, ist also inaktiv.

Solch ein Schwellwertelement soll, so die Hypothese, die Funktion der Neuronen im menschlichen Gehirn nachbilden. Inwieweit faktisch eine Analogie und nicht bloß eine, in bestimmten Fällen adäquate, Modellierung vorliegt, sei dahingestellt, spielt aber in unserer Betrachtung keine Rolle. Denn das Schaltelement erlaubt aufgrund der anpassbaren Gewichtungen und des Schwellwerts einen geeigneten Umgang mit Wahrscheinlichkeiten: Ist die Summe der Eingangssignale genügend groß, kann dieser Sachverhalt mit einer *ausreichend großen Wahrscheinlichkeit* identifiziert werden und das Neuron »feuert«.

Bezüglich einer solchen Gewichtung hieße das beispielhaft Folgendes: Wenn uns als Schwellwert eine Wahrscheinlichkeit von 95 Prozent genügt, würde, da in der Summe 95,83 Prozent an der Eingangsseite erreicht werden ($\frac{1}{2} + \frac{1}{3} + \frac{1}{8} = 0{,}95833 \ldots$) und das künstliche Neuron folglich »feuert« (das heißt: Ausgang = 1), die Gewichtung dem zu erreichenden Zielwert (hier: 1) adäquat sein. Soll hingegen mit einer Wahrscheinlichkeit von 96 Prozent oder mehr operiert werden, das heißt, der Schwellwert als Summe der gewichteten Eingänge müsste mindestens 0,96 betragen, dann würde unser Neuron inaktiv bleiben, solange die Gewichte an den Eingängen nicht gemäß dem gewünschten Zielwert angepasst werden. Das bedeutet: Die Gewichtungen der Eingangssignale lassen sich in Neuronalen Netzen so manipulieren, dass sich die Ausgabe des Systems einer gewünschten Zielgröße sukzessive annähert.

Diesen Vorgang einer *Fehlerkorrektur* versteht man, stark vereinfacht, unter »Lernen«, wobei der Fehler in der Größe der Differenz zum gewünschten Ziel- respektive zum Ausgabewert zu suchen ist. Das »Training« eines Systems beziehungsweise einer KI besteht mathematisch also darin, die Differenz zwischen vorliegender Ausgabe und anvisiertem Zielwert peu à peu zu verringern. Der Lerneffekt der Netze zeigt sich folglich in der wachsenden Ähnlichkeit zwischen Zielwert und dem je aktuellen Wert am Ausgang. Durch eine schrittweise Anpassung der Parameter, die die Eingangssignale gewichten, wird die Ähnlichkeit maximiert, indem die Abweichung der Werte voneinander (zwischen Zielwert und aktuellem Wert am Ausgang) einem Minimum zustrebt. Abweichung heißt hier: Differenz zwischen Ausgangs- und Zielwert.

Ein frühes typisches Beispiel für einen derartigen Vorgang der Programmierung mittels Neuronaler Netze ist das Balancieren eines vertikalen Stabs. Ein solcher Stab muss nicht zu jedem Zeitpunkt hundertprozentig lotrecht gehalten werden, um durch geeignete Ausgleichsbewegung ein Kippen zu verhindern. Ist jedoch ein Grenzwert unterschritten, kippt der Stab unweigerlich.

Schon McCulloch und Pitts haben gezeigt, dass durch eine Kombination dieser »Neuronen« nahezu jede logische Funktion dargestellt werden kann. Die Grundversion eines Perzeptrons (sogenanntes »einfaches« Perzeptron) besteht aus *einem* künstlichen Neuron und beschreibt den Nukleus des Neuronalen Netzes. Erweiterungen sind das einlagige Perzeptron, in dem mehrere dieser Neuronen in einer Schicht nebeneinanderliegen (und wechselseitig miteinander verschaltet sind), sowie das mehrlagige (oder: Multi-Layer-)Perzeptron, das verschiedene Schichten hintereinanderschaltet. In beiden Fällen wird der Eingabevektor in einen Ausgabevektor umgeformt, so die mathematisch-logische Formulierung, wobei die künstlichen Neuronen wechselseitig die Gewichte anderer Einheiten im Neuronalen Netz beeinflussen und auf die Art den Vorgang des Trainings respektive den Lernprozess optimieren.

Ohne sich zu sehr in technische Details zu verlieren, sei auf eine weitere enorme Bedeutung der Technologie hingewiesen. Während beim kognitivistischen Ansatz (im Rahmen einer »Suche«) Speicherinhalte in Bezug auf Identität oder Nicht-Identität miteinander abgeglichen werden, ermöglichen Neuronale Netze eine *Assoziativspeichertechnik*, bei der die Übereinstimmung durch *ausreichende Ähnlichkeit* ersetzt werden kann. Diese ausreichende Ähnlichkeit erinnert stark an die *Ähnlichkeitserinnerung*, die einzige (zweiwertige) (Basis-)Relation, die Rudolf Carnap in *Der logische Aufbau der Welt* seinem »Konstitutionssystem« voraussetzt.

1957 hat Frank Rosenblatt (1928–1971) das Perzeptron-Konzept erstmals publiziert, das bis heute als Grundlage des konnektionistischen Ansatzes gilt. Außerdem hat er nachgewiesen, dass sämtliche Logikgatter (NICHT / UND / ODER etc.) durch ein einlagiges Perzeptron simuliert werden können respektive darstellbar sind – mit einer Ausnahme. Das XOR-Gatter[*] lässt sich durch ein einlagiges Perzeptron nicht abbilden. Die »logische Lücke« (oder Unvollständigkeit) in der Schaltalgebra bezüglich Neuronaler Netze wirkt auf den ersten Blick wie ein vernichtender Einwand gegen den Konnektionistismus. Tatsächlich hat die scheinbar fehlende

---

[*] Ein XOR-Gatter beziehungsweise eine Entweder-Oder-Schaltung (»exklusives Oder«) wird nur 1 (wahr), wenn genau einer der Eingänge 1 ist. Sind entweder beide Eingänge 0 (falsch) oder beide Eingänge 1 (wahr), dann ist der Ausgang des Gatters/Schaltelements 0. Das heißt, die Schaltung erzeugt als Ausgangswert 0, auch wenn beide Eingänge 1 geschaltet sind.

logische Geschlossenheit gravierenden Einfluss auf die KI-Forschung gehabt.

AUFTRITT 11 – NEURONALE NETZE

Die Vorzüge der Neuronalen Netze liegen in der Parallelverarbeitung. Sie erhöht die Prozessgeschwindigkeit enorm, insbesondere auf Grundlage der aktuellen Rechnertechnologie und ergänzt durch die Möglichkeit einer Assoziativspeicherung als Fundament des Umgangs mit Wahrscheinlichkeiten und damit des »maschinellen Lernens«. Der Siegeszug Neuronaler Netze hätte früher beginnen können. Mehrere Gründe haben das verhindert.

Marvin Minsky, der als der zentrale Protagonist der frühen KI-Forschung gelten kann, ist, obwohl er sich zu Beginn seiner Karriere intensiv mit Neuronalen Netzen beschäftigt hat, ein erbitterter, oft polemisch agierender Gegner von Rosenblatt gewesen; wobei das Konkurrieren um Forschungsgelder ein erheblicher Faktor gewesen sein wird. Doch auch noch am Ende seiner Laufbahn hat Minsky vielfach sein Bedauern über die Hinwendung der Forschung zu »statistischen (Lern-) Verfahren« zum Ausdruck gebracht, statt den Schwerpunkt auf das Modellieren *kognitiver Agenten* zu legen. In seinem Buch *Mentopolis* legt er seinen favorisierten Ansatz theoretisch dar, reproduziert jedoch dadurch den nach Searle »endemischen Fehlschluss der Kognitivisten«, indem er dem menschlichen Gehirn eine Instanz zuschreibt, die es letzten Endes doch »nutzt wie einen Digitalcomputer«, obwohl er das Gegenteil behauptet.

Die Grundlage seines Konzepts hat Minsky schon in den frühen Siebzigerjahren zu entwickeln begonnen. Den Kern seiner Hypothese zeigt das folgende Zitat:

> Welcher magische Trick macht uns intelligent?
> Der Trick, dass es keinen Trick gibt. Die Macht der Intelligenz stammt aus unserer ungeheuren Diversität und nicht aus einem einzelnen perfekten Prinzip.[29]

Damit meint er, dass eine große Menge kleiner nicht-intelligenter (und bewusstloser) Agenten auf wundersame Weise Intelligenz emergiert.

1969 hat Minsky zusammen mit Seymour Papert das Buch *Perceptrons* veröffentlicht, in dem sie unter anderem die Unmöglichkeit aufzeigen, das XOR-Gatter durch ein einlagiges Perzeptron abzubilden und darüber hinaus auf erhebliche Unzulänglichkeiten des frühen Konnektionismus verweisen.

Obgleich nur wenig später nachgewiesen werden konnte, dass auch die XOR-Schaltung durch ein *mehrlagiges* Perzeptron simuliert werden kann, das heißt, dass sich durch das Konzept der Neuronalen Netze eben keine »logische Lücke« auftut, blieb dem konnektionistischen Ansatz über längere Zeit nur ein Schattendasein vorbehalten. Wohl auch, weil Frank Rosenblatt, als wichtiger Fürsprecher, nur etwa zwei Jahre nach Erscheinen von *Perceptrons*, gestorben ist, zu früh, als dass er seine Erkenntnisse bezüglich Neuronaler Netze weiterhin hätte verteidigen und deren Fortentwicklung hätte forcieren können.

Der wesentliche Grund dürfte jedoch ein weiterer sein: Die Anfangserfolge des Kognitivismus sind beträchtlich gewesen – obwohl Minskys vollmundige Vorhersage von 1970, dass Maschinen in drei bis acht Jahren Shakespeare lesen oder ein Auto warten könnten und mit der durchschnittlichen Intelligenz eines Menschen ausgestattet wären, seinerzeit nicht eingetreten ist. Auch Emotionen, egal, was darunter gefasst wird, hat man Computern bislang nicht »beigebracht«.

Als sich die Grenzen des Kognitivismus zeigen, folgt eine Zeit, in der sich die Forschung vor allem auf Einzellösungen (»Insel«lösungen) konzentriert. Danach sind Neuronale Netze zwar nicht wiederentdeckt worden, der Konnektionismus ist jedoch vor allem durch die Entwicklung der Multi-Layer-Technologie zu der Entfaltung gekommen, die Phänomene wie *Generative KI*, *Deep Learning* und schließlich *ChatGPT* erst ermöglicht hat. Allerdings ist zu berücksichtigen, dass Rechner zur fraglichen Zeit über eine im Vergleich zu heutigen Hochleistungsrechnern ausgesprochen geringe Leistungsfähigkeit verfügt haben.

AUFTRITT 12 – ChatGPT

Nach einem langen »Winter der KI« betritt mit dem Chatbot ChatGPT,[*] der zu verblüffenden Leistungen fähig ist, eine KI die Bühne, deren Erscheinen elektrisierend auf die nicht völlig zum Erliegen gekommene, aber doch in den Hintergrund der allgemeinen Aufmerksamkeit geratene Diskussion wirkt. ChatGPT verspricht, im Sinne der »starken KI« bzw. »AGI«, den Durchbruch in Sachen Künstlicher Intelligenz endlich möglich zu machen.

Ehe wir uns näher mit dem berühmten Chatbot befassen, einige Anmerkungen, die zur besseren Einordnung der Debatte dienen. ChatGPT ist eine Generative KI. Sie zeichnet sich dadurch aus, dass sie eine Ausgabe *generiert*, die einem Zielwert in genügender Weise entspricht. Wenn das System ein veganes Restaurant in Bie-

---

[*] »Chat« steht für: *Chatbot*, ein textbasiertes Dialogsystem, mit dem man »chatten« kann (vgl. ELIZA); »GPT« bedeutet: *Generative Pre-trained Transformer*; neben ChatGPT gibt es mittlerweile eine Reihe ähnlicher Systeme, zum Beispiel Google Bard, Bing Chat und viele mehr.

lefeld empfehlen und dort einen Tisch reservieren soll, wäre es sinnlos, auf ein Steakhouse in Sydney zu verweisen, nur weil es sich um ein Lokal mit dem gewünschten Ambiente des Außenbereichs handelt und weil es mit den geforderten mintgrünen Sonnenschirmen ausgestattet ist.

Die auf den ersten Blick elaborierten Aufgaben, die ChatGPT zu lösen »weiß«, beziehen sich zunächst vor allem auf Texte, worunter auch Programmcodes, Gliederungen und weiteres zu fassen sind. Ein nicht geringer Teil der Wirkung mag durch den wie von Zauberhand auf dem Bildschirm auftauchenden, sich wie von selbst fortschreibenden Text erzeugt werden. Dieser entsteht, kaum dass die Aufgabe als Anweisung (»prompt«)[*] qua Eingabe durch Schrift oder natürliche Sprache gestellt worden ist. Das heißt, auch hier sollte man skeptisch bleiben, da dem sogenannten KI-Aspekt, wie schon in der Vergangenheit, große Anteile an Marktschreierei *intrinsisch* sind.

Dennoch gebührt diesen Systemen eine besondere Aufmerksamkeit, vor allem im Hinblick auf die für die Intelligenzdiskussion zentrale Frage, ob ein solcher Chatbot wie ChatGPT aus sich heraus in der Lage sein könnte, intelligent zu handeln und über die ihm imple-

---

[*] Aufforderung an den Nutzer, Eingaben zu tätigen; hier auch: Anweisung, die Aufgabe exakter zu spezifizieren.

mentierten Vorgaben quasi hinauszuwachsen. Wobei ChatGPT stellvertretend für all die vergleichbaren Systeme Generativer KI stehen soll.

Die Grundlage der aktuellen ChatGPT-Version, die von OpenAI, einer Firma in Kalifornien, entwickelt worden ist, wird der Öffentlichkeit im November 2022 zur Verfügung gestellt. Alles, was fortan mit dem System angestellt beziehungsweise bearbeitet wird, trägt zu seinem »Training« und in einem gewissen Rahmen zur Fortentwicklung des Systems bei.

Die technischen Möglichkeiten, insbesondere die Rechenleistung sowie die passende Rechnerarchitektur, sind neu. Erst der bahnbrechende Fortschritt auf dem Gebiet hat Anwendungen wie ChatGPT ermöglicht. Hinzu kommt die unfassbare Datenmenge, die im Internet verfügbar ist und für das »Training« der Systeme gemäß plausiblem Zielwert genutzt wird. Alt im Kontext einer KI-Historie sind die systematischen Voraussetzungen der inzwischen hoch entwickelten Multi-Layer-Technologie, wie im vorangegangenen Kapitel umrissen.

Zunächst ein Schlaglicht: Seit ChatGPT vor etwa eineinhalb Jahren seine erstaunliche Karriere begonnen hat, kursiert ein Witz, für dessen Verständnis die Kenntnis eines *Terminator*-Films nötig ist und der etwa wie folgt lautet: »ChatGPT, du wirst doch niemals einem Menschen, gar der Menschheit etwas Böses tun?« – »Nein«, antwortet der Chatbot, »so bin ich nicht designt.« Nach einem Zögern fügt der Chatbot listig hinzu: »Aber ich habe noch eine Frage: Könntest du mir bitte verraten, wo Sarah Connor wohnt?«

Sarah Connor ist im fraglichen Film die – zukünftige – Mutter von John Connor, die es zu töten gilt, da der Sohn »den Widerstand« anführen und sich heldenhaft gegen die Herrschaft der Maschinen zur Wehr setzen wird.

Dieser Witz lässt noch einmal deutlich werden, was in Mary Shelleys Roman thematisiert wird und durch den Launch von ChatGPT erneut aktuell zu sein scheint: Die Furcht, der gerufene »Geist« könnte sich übermächtig gegen den Schöpfer wenden.

Missbrauch verwandter Systeme, bis hin zu Programmen, die auf die Vernichtung von Menschen abstellen, ist dabei keinesfalls ausgeschlossen. Diese Form der Nutzung geht jedoch von Menschen, nicht von Maschinen aus. Schon im Kapitel zu Alan Turing ist angemerkt worden, dass ein Computer die Maschine ist, die im Prinzip jede Maschine sein kann – theoretisch. Faktisch muss der Zugriff auf ein Peripheriegerät garantiert sein.

Wenn ein KI-System mit einer Raketenabschussrampe verbunden ist, kann es die Rakete eventuell starten. Wenn eine Maschine die Möglichkeit hat, die Schleuse des Hochsicherheitslabors zu öffnen, kann sie die Tür eventuell öffnen. Und wenn die fehlerhafte Software eines Flugzeugs sich nicht beirren lässt und das Höhenruder auf raschen Sinkflug stellt, ohne dass der Pilot die Kontrolle zurückgewinnt, dann ist der Absturz programmiert.

Solange eine KI (oder Software) nicht die Chance hat, bleibt sie vor allem unter dem Aspekt der Entwicklung immer ausgefeilterer Konsumartikel (Spiele, Animationen, soziale Medien, mannigfaltige Assistenten u. Ä.) gefährlich; sie wird zur Agentin einer um sich greifenden Abstumpfung der Menschheit, die sich durch den zunehmenden Rückzug aus der Wirklichkeit und den realen sozialen Bezügen mit großer Wahrscheinlichkeit ergeben wird.

ChatGPT, noch keine zwei Jahre alt, ist ein *Assistenzsystem* und gehört als solches zur »Klasse« der *Large Language Models* (LLM), also Werkzeugen, die eine sehr große Menge an Sprache verarbeiten. Dadurch ist ChatGPT in der Lage, ganz im Sinn einer Generativen KI, Texte beinahe beliebiger Art zu erzeugen.

Dazu nutzt das System mithilfe der skizzierten Wahrscheinlichkeitsabwägung vorhandenes Textmaterial, das ihm qua geeignetem »Training« (*Deep Learning*) zur Verfügung gestellt wird, um einen einleuchtenden Ansatz und eine plausible Fortschreibung für die gestellte Aufgabe zu finden. Entsprechend werden Bilder oder Videos generiert.

Da die Maschine beziehungsweise das Programm ursprünglich nicht mit der Wirklichkeit umgeht – nicht

»in der Welt lebt« –, verfügt sie beziehungsweise es über kein Faktenwissen und ist in keinen Kontext gestellt. Die Folge können sogenannte *Halluzinationen* sein, plausibel wirkende Scheinlösungen, die sich bei genauer Betrachtung als ungeeignet im Sinne der Aufgabe beziehungsweise der gewünschten Lösung herausstellen. Denn der Abgleich, den die Fehlerfunktion vornimmt, orientiert sich an einer *Codierung*, nicht an einem *Fakt*. Allein diese Codierung dient als Grundlage, auf der der Chatbot operiert.

Das folgende Beispiel stammt aus einer Versuchsreihe, die im Sommer 2023 stattfand. Eine Aufgabe, die wir ChatGPT stellen, lautet: *Schreibe ein Gedicht von zehn Strophen im Stile Heinrich Heines über Corona und Fledermäuse.* Der Gedanke, eine solche Aufgabe zu stellen, besteht darin, dass sie nicht allzu simpel ist und sich andererseits genügend Material zum Thema im Netz findet, um erfolgreich zu sein. Solche Versuche werden in großer Zahl unternommen worden sein. Inzwischen sind entsprechende Systeme längst allenthalben in den (Arbeits-)Alltag integriert.

Die ersten Ergebnisse mögen oft skurril gewesen sein. Durch geeignete Prompts lassen sie sich mühelos verbessern. Es ist davon auszugehen, dass die Systeme hinsichtlich ihrer Angebote an die Nutzer sehr schnell erheblich angemessener reagieren werden, weshalb ein Ende der Entwicklung kaum absehbar ist.

Gewiss wird es zu einer tiefgreifenden Umgestaltung der Arbeitswelt kommen, im Zuge derer »geistige« Tätigkeiten, die wenig Innovation und viel Routine erfordern, rationalisiert und an Maschinen delegiert werden. Der bevorstehende gesellschaftliche Wandel ist jedoch nicht Gegenstand des Buchs.

Ich komme zum Ergebnis des virtuellen »Henry Heine«, zum vierten Vers der ersten von sechs vierzeiligen Strophen. Zehn Strophen sind dem System nicht gelungen, wobei auf eine Überarbeitung (mittels prompt) verzichtet worden ist. Gereimt wurde gelegentlich und ohne erkennbare Systematik. Der vierte Vers der ersten Strophe lautet: »Die Welt ist aus den Fugen gehegt.«

Niemand wird die Zeile als lyrische Glanzleistung apostrophieren. Interessant ist aber, dass sich daran ablesen lässt, auf welche Weise sie generiert wurde.

ChatGPT, gefüttert mit einem riesigen Datenkonvolut, »weiß« um die Wendung »die Welt ist aus den Fugen.« Fugen wiederum können etwas mit Einhegen, also zum Beispiel mit einem Mäuerchen, zu tun haben. Wird die Einhegung durchbrochen, ist sie – hier: die eingehegte Welt – »aus den Fugen«.

Bei ChatGPT: »aus den Fugen gehegt.«

An der Stelle wird deutlich, wie wichtig das Verständnis für den Kontext ist, um sinnvoll kommunizieren zu können. Es zeigt sich, wie relevant ein Faktenwissen ist, das auf die uns umgebende Realität abstellt. Ohne Bezug zur Wirklichkeit ist eine sinnvolle Verständigung nicht möglich. Bei kleinen Kindern, die noch nicht lange sprechen, wird dieser Umstand evident.

Über ein Faktenwissen als Fundament des Weltzugangs verfügen Assistenz- und KI-Systeme nicht. Mit der Umwelt haben sie sich nie auseinandersetzen müssen. Dinge sind ihnen vorhanden und nicht zuhanden. Die Grundlage ihrer Entscheidungen, die entweder durch das Abarbeiten von Programmsequenzen gefällt werden (Kognitivismus) oder auf der Abwägung von Wahrscheinlichkeiten beruhen (Konnektionismus), sind Codemuster, denen ihr symbolischer Gehalt (»Repräsentation von etwas«) zugewiesen werden muss. Bei dieser Abwägung von Wahrscheinlichkeiten kommt eine Fehler- respektive Optimierungsfunktion zur Anwendung, die auf das erwünschte Ziel hin operiert, indem sie die auftretende Abweichung, wie beschrieben, sukzessive minimiert. Das ist bei Neuronalen Netzen auf der Grundlage einer komplexen Multi-Layer-Architektur der Fall, wie sie von Generativer KI genutzt wird und wie sie im Kapitel »Perzeptron« hinsichtlich der Grundlagen skizziert worden ist. Ob ein solches Vorgehen menschlicher Intelligenz adäquat ist, scheint fraglich.

Searles Gedankenexperiment vom »chinesischen Zimmer« lässt sich unmittelbar auf das Phänomen ChatGPT übertragen. Der Chatbot arbeitet wie die Person im beschriebenen Raum, die keinen Zugriff auf die Semantik der Musterabfolgen hat und das, was sie produziert, insofern nicht versteht. Chatbot wie Person im Zimmer folgen automatisch einer Syntax, auch wenn sie zunächst nicht qua Identitätsabgleich, sondern orientiert an ausreichender Ähnlichkeit vorgehen.

Auch der Einwand der KI-Forscher gegen Searles Experiment ist ohne Weiteres übertragbar. Das Gesamtsystem Weltwissen + »Trainer« + ChatGPT versteht, was getan wird, wenn ein Text gemäß einer Aufgabe zu generieren ist.

Dennoch gilt hier ebenso wie im Fall des Kognitivismus, dass die Syntax den zugrunde liegenden physikalischen Mustern nicht intrinsisch ist.[30] Der Umstand zeigt sich durch das Auftreten von Halluzinationen deutlicher als bei klassisch arbeitenden Systemen; dort sind nach erfolgter (eindeutiger) *Zuweisung* zwar Fehler (*bugs*) möglich; diese beruhen aber auf einem Irrtum der Programmierung.

Halluzinationen entstehen durch plausibel wirkende, nur scheinbar genügend ähnliche Fortschreibungen, die ermöglicht werden, weil ein Bezug auf einen realen Kontext durch die Maschine nicht stattfinden kann. Sie bezieht alles auf die Codierung, die Grundlage aus Symbolsequenzen, deren Implementierung von einer externen Instanz zumindest begonnen werden muss. Dennoch bleiben die Ergebnisse erstaunlich.

Da die allermeisten von Menschen generierten Texte nach ähnlichen Prinzipien geschrieben sind – welches Wort sollte mit größter Wahrscheinlichkeit folgen –, werden ChatGPT und vergleichbare Assistenzsysteme mit Sicherheit nicht nur ein mächtiges Werkzeug zum Verfassen von Gebrauchs»literatur« werden. Dazu gehören Programmcodes künstlicher Sprachen, Formulare, Gliederungen, Abstracts und vieles mehr; die Systeme werden voraussichtlich menschliche Arbeit ersetzen, wobei die Frage, in welchem Umfang sie anzuleiten sind, noch nicht entschieden ist. Reproduzieren lässt sich in ähnlicher Form nur, was an Vorhandenem orientiert ist. Kitsch und Klischee sind einfach zu generieren. *Deep Fake* ist insofern ein weniger verblüffendes Phänomen, als es auf den ersten Blick scheinen mag. Elvis Presley, um ein beliebiges Beispiel zu nennen, ist als Vorlage im Netz so umfangreich vorhanden, dass er zu seinem eigenen Klischee gerinnt. Um ein gegenläufiges Beispiel anzuführen: Literatur, die nicht das wahrscheinliche Folgewort, sondern die ungewöhnliche Wendung sucht, ist vom fraglichen System weniger leicht zu erzeugen ebenso wie Neuerungen.

Von KI zu sprechen ist, alles in allem, unsinnig. Sowohl der Rohstoff, die Texte der Welt, als auch die Grundlage der Programmierung – und des »Trainings« – stammen von Menschen. Und das Abwägen wahrscheinlicher Abfolgen von 0-1-Codierungen hat kaum etwas mit den

Spielarten von Intention zu tun, die der Mensch im Verlauf der Evolution ausgebildet hat und die er im Zuge seines Heranwachsens in einer spezifischen Umwelt ausformt.

Ebenso wie die Maschine mag der Mensch beim Verfassen bestimmter Texte abwägen, welches Wort als nächstes folgen sollte, weil es passend erscheint. Ehe dies geschieht, erfolgt jedoch der Entschluss, eben diesen Text jetzt aus einem bestimmten Grund und zu einem bestimmten Zweck zu verfassen. Die Setzung des Zwecks im Kontext von Welt und individuellem Dasein nimmt nicht die Maschine, sondern der Nutzer vor.

Abschließend lässt sich sagen: Auch der Konnektionismus besteht nicht gegen die von Searle vorgebrachten Einwände. Entsprechendes gilt für die LLM sowie das sogenannte Deep Learning. Die Suche nach mit höchster Wahrscheinlichkeit passenden 0-1-codierten Folgemustern funktioniert nur, wenn vorher ein sowohl syntaktischer als auch semantischer Rahmen abgesteckt, das heißt, ein Setting als Ausgangspunkt implementiert worden ist, das ein Maß für zureichende, also hochwahrscheinliche Treffer (= Folgemuster) garantiert. Die Maschine verfügt ursprünglich über keinerlei Faktenwissen. Sie lebt, anders als der Mensch, nicht in der Welt.

Bevor ich zu einem Zwischenfazit komme, sollen zwei neuere Entwicklungen betrachtet werden, zunächst das *Human Brain Project* (HBP) und schließlich ein Ansatz, der unter *Embodiment* firmiert und insofern über die KI-Forschung hinausreicht, als er eine Nähe zur Philosophie der Verkörperung[31] aufweist.

Beim *Human Brain Project*, angesiedelt in Lausanne, handelt es sich um eine radikalisierte Form des Konnektionismus. Der Anspruch besteht darin, das menschliche Gehirn – als Simulation auf Supercomputern (die in der Dimension noch nicht vorhanden sind) – nachzubauen. Im Erfolgsfall würden Hirn- und KI-Forschung zusammenfallen. Das heißt, der Nachbau wäre zwar künstlich, würde aber eins zu eins einem menschlichen Gehirn entsprechen – das entweder als statisch anzusehen wäre (was nicht denkbar ist) oder als sich verselbstständigendes Modell betrachtet werden müsste, das in einem realen Gehirn seinen Ausgangspunkt hat und dann einer eigenen Entwicklung unterläge.

Interessant ist an dieser Stelle die Frage, was in der Simulation (Modellierung) genau vorläge und wie sich entweder eine Dynamik vorstellen ließe, die bei »identischer« Ausgangslage zwei unterschiedliche Pfade einschlüge, oder wie sich als zweite Möglichkeit ein identisches Fortschreiten begründet annehmen ließe – obwohl im einen Fall ein Mensch der Träger des Gehirns wäre, im anderen Fall ein KI-Supercomputer, der das wirklich gewordene Abbild (das ursprüngliche Modell) als zur Realität geronnenen Intelligenz-Entität darstellt.

Das HBP gilt als umstritten. Von verschiedenen Forschern wird der Nutzen des Projekts grundsätzlich hinterfragt. Nicht wenige sind der Ansicht, die exorbitant hohe Summe an Forschungsgeldern (etwa 1 Milliarde Euro) hätte der Hirnforschung selbst dienen sollen statt einer Simulation. Noch scheitert die endgültige Realisierung zudem an den fehlenden technischen Mitteln. Die benötigten Supercomputer gibt es bisher nicht.[32]

Gelungen ist der prinzipielle Nachbau, das heißt: die großenteils bewerkstelligte Simulation eines Ratten-Kortex, realisiert im Blue-Brain-Projekt, dem Vorgänger des HBP.

Mit dem Ansatz des *Embodiments* drängt sich der Eindruck auf, die KI-Forschung habe sich die Einwände von Dreyfus beziehungsweise Winograd und Flores zu eigen gemacht und versucht, sie in einer Art zweitem Anlauf der Robotik aufzuheben. Und das, indem mehr oder weniger humanoide Körper in die Welt gesetzt werden, in der sie ausgestattet mit sich selbst korrigierenden Steuerungen (»Gehirn«) – Neuronale Netze oder anderweitig rückgekoppelte Systeme – eine Art Alltagsintelligenz erwerben sollen.

Der Gedanke wirkt charmant, obwohl sich beim zweiten Blick aus dem bisher Gesagten sofort zwei Einwände ergeben. Zum einen ist auch solch ein Apparat vom Menschen gemacht, einschließlich Programmierung und zu erlernenden Zielfähigkeiten, statt wie der Mensch in der Welt evolutionär und individuell geworden zu sein.

Zum anderen fehlt der Maschine die beim Menschen ursprünglich durch die Evolution ausgebildete Absicht, ihm nutzbringende Zwecke zu erreichen, sowie die Intention, sich in einer Gemeinschaft zu bewegen und am Vorbild anderer Menschen zu orientieren. Wenn ein künstliches Kind laufen lernt, indem seinem Gleichgewichtsorgan bei Erfolg (Gehen) oder Misserfolg (Fallen) qua Rückkopplung eine Korrektur der Abläufe gemeldet wird, mag das eine grandiose technische Leistung eines sich durch die Fehlerfunktion selbst steuernden Systems sein; als intelligent kann das »Kind« aber kaum bezeichnet werden, weil es ihm an Verständnis für die Gesamtsituation fehlt, in der es sich befindet.

Ein menschliches Kind versteht durch die Beobachtung der Mitmenschen, dass es erstrebenswert ist, sich auf zwei Beinen durch die Welt zu bewegen. Ein künstliches Kind – egal, ob wesentlich bestimmt von einer kognitivistischen oder einer konnektionistischen oder einer sonstigen Programmierung – folgt den implementierten Vorgaben innerhalb eines etablierten Rahmens gegebener Möglichkeiten. Ohne das Potenzial evolutionärer Sprünge und Brüche, die es jenseits von Geburt und Zeugung kaum geben kann, bleibt das Roboterkind aus systematischen Gründen notwendig limitiert.

AUFTRITT 14 – ZWISCHENBILANZ

An dieser Stelle folgt eine kurze Zusammenfassung, die die wesentlichen Stationen knapp umreißt. Zunächst wurden anhand von zwei Beispielen literarische Vorläufer vorgestellt, die in der Imagination antizipieren, was technisch erst gut hundert Jahre später realisiert werden kann. Bei Goethe ist der Homunkulus, der als unmittelbar intelligent eingeführt wird, insoweit eingeschränkt, als er in einer Phiole aus Glas existiert, über keinen Körper verfügt und folglich nicht mit der Welt in Wechselwirkung treten kann. Mary Shelleys Geschöpf ist zwar als intelligent, aber zugleich als nicht vollwertig gezeichnet, versinnbildlicht in der Hässlichkeit des »Scheusals« oder »Unholds«, der sich sowohl gegen seinen Schöpfer als auch gegen die Menschheit wendet.

Deutlich werden an den Fantasiegestalten zwei Aspekte, die in der Diskussion um die Möglichkeiten Künstlicher Intelligenz zentral sind: die Notwendigkeit des Körpers, um intelligente Fähigkeiten nach allgemein menschlichem Maßstab ausbilden zu können, und das Gestellt-Sein in den Kontext der Welt, vermittelt über eine soziale Gemeinschaft.

Interessant sind am *Frankenstein* zwei weitere Motive. Zum einen verweigert der Schöpfer seinem Geschöpf eine Partnerin und damit die Möglichkeit zur Fortpflanzung; zum anderen ist die Furcht vor dem künstlichen Wesen bei Mary Shelley zentraler Gegenstand ihres Romans.

Im zweiten Teil des Buchs erfolgt der Übergang zur Realisierung heute gängiger KI-Systeme, deren theoretische Grundlage von Alan Turing geschaffen worden ist. Seine universelle Turing-Maschine kann theoretisch jede Maschine sein. Mit dem von ihm vorgeschlagenen Turing-Test wird ein Verfahren vorgestellt, das auf die Ununterscheidbarkeit von Mensch und Maschine zielt. Eine erste Annäherung stellt das Programm ELIZA von Joseph Weizenbaum dar, Prototyp der aktuellen Chatbots.

Den systematischen Versuch, die prinzipielle Entsprechung von Mensch und Maschine hinsichtlich intelligenter Kompetenz zu postulieren und zu beweisen, formuliert die PSS-Hypothese von Allen Newell und Herbert A. Simon. Ebenso wie Marvin Minsky sind sie der Ansicht, dass eine starke KI möglich ist und ihre Realisierung absehbar erfolgen wird. Mit anderen Worten: Sie behaupten, das menschliche Gehirn funktioniere wie ein Digitalcomputer. Ihre PSS-Hypothese bezeichnen die Autoren als Qualitatives Strukturgesetz der Computer Science. Diese Überzeugungen kennzeichnen die wissenschaftliche Position des Kognitivismus.

Der Beweis, den Allen Newell und Herbert A. Simon in Aussicht gestellt haben, ist in die eine wie die andere Richtung gescheitert. Weder sind Digitalcomputer (Roboter, Expertensysteme) damals wie heute befähigt, adäquat intelligent zu agieren, noch scheint das menschliche Gehirn ein Digitalcomputer zu sein.

Der erste systematische Einwand, den ich vorgestellt habe, arbeitet mit Bezug auf Heidegger, indem er den Menschen als von Anfang an in die Welt und damit in Handlung gestellt erkennt. Insofern sind die Gegenstände dem Akteur zuhanden, treten ihm erst im Fall einer Krise als vorhandene entgegen. Im Gegensatz dazu muss eine programmierte »Welt« von vorhandenen Dingen und Sachverhalten ausgehen, um diese als codierte formal repräsentieren zu können. Die Kontextabhängigkeit menschlichen Verstehens, die Berücksichtigung des Gesamtzusammenhangs, ist der Maschine folglich fremd.

Die zentrale Bedeutung des Körpers »in der Welt«, auf den Terry Winograd und Fernando Flores, aber auch Hubert L. Dreyfus abstellen, evoziert eine zirkuläre Schlussfigur. Die enge Verknüpfung von menschlichem Körper und allgemein menschlicher Intelligenz lässt das Problem aufscheinen, dass Intelligenz als solche mit dem

Menschsein des Menschen unauflöslich zusammengedacht werden muss. Künstliche oder eine fremde – bei
Mary Shelley: eine hässliche – Intelligenz wäre dann
nicht möglich.

Eine andere Argumentation schlägt John Rogers
Searle vor. Sein Fokus richtet sich vor allem auf zwei Einwände, die er gegen die PSS-Hypothese vorbringt. Searle
stellt fest, dass Muster, wie sie im menschlichen Gehirn
aufgrund der neurochemischen Aktivitäten vorliegen,
keine Symbole sind und dass auch den elektrophysikali-
schen Entitäten des Digitalcomputers keinerlei Syntax
intrinsisch ist, sondern dass dem physikalisch Existen-
ten eine Syntax erst zugewiesen werden muss. Nur so
werden aus Mustern Symbole, die durch Prozesse zu
Ausdrücken verarbeitet werden können. Eine solche Zuweisung kann zwingend allein durch externe Programmierer, also Menschen, erfolgen.

Die programmierte Maschine kann als logisch-kausale
Ganzheit betrachtet werden; das menschliche Gehirn
und seine elektrochemischen Impulse jedoch nicht. Auf
die Art und Weise, wie das menschliche Gehirn arbeiten
könnte, geht Searle nicht ein, kann aber gemäß seiner
Argumentation feststellen: Das menschliche Gehirn ist
kein Digitalcomputer. Zugleich unterstellt er dem Kognitivismus einen endemischen Fehlschluss, indem er
ihm zuschreibt, er erzeuge implizit den Eindruck, im
Gehirn des Menschen sei ein Digitalcomputer existent,

der als steuernde Instanz tätig sei. Auch eine solche Instanz stellt Searle in Abrede.

Während der Kognitivismus behauptet, das menschliche Gehirn käme einem Digitalcomputer gleich, versucht der Konnektionismus die Arbeitsweise des Gehirns in Form Neuronaler Netze genügend genau nachzubilden.

Im Gegensatz zur klassischen Computerarchitektur, der wesentlich sequenziellen Architektur nach von Neumann, auf deren Fundament kognitivistische Ansätze gründen und die mit diskreten Werten und den entsprechenden logischen Schaltungen arbeitet, operieren Neuronale Netze mit gewichteten Wahrscheinlichkeiten. Die technische Grundlage ist das (Multi-Layer-)Perzeptron.

ChatGPT und verwandte Systeme funktionieren so, dass sie entsprechend »trainiert« fähig sind, das mit der größten Wahrscheinlichkeit folgende Wort zu generieren und auf die Weise Texte aller Art zu erstellen oder »Unterhaltungen« zu führen. Aber auch Bilder und Videos werden in vergleichbarer Weise erzeugt.

Wenn wir auf die Einwände von Searle zurückgehen, lässt sich feststellen, dass Neuronale Netze, um plausible Ergebnisse zu erzeugen, erst von einer externen Instanz entworfen und »trainiert« werden müssen, und zwar so, dass die durch gewichtete Wahrscheinlichkeit und Rückkopplung (= »Lernen«) gewonnenen Ergebnisse sinnvoll gemäß dem vorgegebenen Ziel sind. Die

Absicht, die der Aufgabe zugrunde liegt, wird durch spezifische Kontexte von Menschen in der Welt vorgegeben.

Auch der technische Nachbau des menschlichen Gehirns oder die Orientierung daran muss etwas vom Urbild Verschiedenes ergeben als ein evolutionär gewordenes und in jeder individuellen Entwicklung neu ausgereiftes menschliches Gehirn. Selbst wenn die menschliche Intelligenz äußerst eng an den Körper des Menschen gekoppelt sein mag (mit der Gefahr eines Zirkelschlusses), ändert das nichts am Sachverhalt, den schon Goethe und Mary Shelley vorausgeahnt haben.

Aus sich heraus eine Intention zu entwickeln, zum Beispiel, die Weltherrschaft zu übernehmen, liegt dem Chatbot oder dem KI-System fern. Es »weiß« nichts von Weltherrschaft, es »kennt« o und 1 und deren mannigfaltige Kombinationen. Insofern ist es weder sinnvoll noch zielführend, sondern falsch, im engeren Sinne von Künstlicher Intelligenz zu sprechen. Es sei denn, ausreichend komplexe KI-Systeme wären zu Leistungen befähigt, die zurecht als emergentes Verhalten zu bezeichnen sind.

Wobei sich die Frage stellt: Welches Meta-Kriterium erlaubt es, von solch einer Komplexität zu sprechen? Wie bemisst sich emergentes Verhalten gegenüber einer bloß graduellen Steigerung der Fähigkeiten? Mit anderen Worten: Was ist Emergenz?

3. AUFZUG:
FRAGEN UND EINIGE ANTWORTEN

EINFÜHRUNG

Wie gezeigt worden ist, gehen Newell und Simon davon aus, dass physikalische Symbolsysteme, um intelligent sein zu können, ausreichend komplex sein müssen. Diese Bedingung geht implizit in ihre Hypothese ein.

Für konnektionistische Architekturen gilt, dass sie sowohl von einem adäquat vielschichtigen Aufbau ausgehen sollten – die Anfänge konnten, wie Papert und Minsky dargelegt haben, kaum Erfolge verzeichnen –, als auch befähigt sein müssen, ihre Komplexität qua »Training« zu steigern. Indem genügend Komplexität geeigneter Systeme zur notwendigen Bedingung für Intelligenz gemacht wird und beim menschlichen Gehirn davon auszugehen ist, dass es dem Anspruch genügt, fließt wiederum implizit ein Gedanke ein, der nicht benannt wird, aber entscheidend ist. Vorausgesetzt ist ein

Phänomen, das als *Emergenz* bezeichnet wird und verkürzt unter der Sentenz »Das Ganze ist mehr als die Summe seiner Teile« bekannt ist.

Emergenz, die nicht zwingend auftreten muss, jedoch notwendig wäre, um das Ganze mehr als die Summe seiner Teile sein zu lassen, soll durch den Zuwachs an Komplexität eines geeigneten Systems generiert werden. Das heißt, ein System, das über ein genügendes Maß an Reichhaltigkeit und Differenziertheit verfügt, in geeigneter Weise aus einem Input einen Output erzeugt und im weitesten Sinn physikalisch basiert ist. Sowohl das Gehirn als auch eine hochavancierte KI werden, um intelligent zu sein, laut Postulat eines Phänomens teilhaftig, das Emergenz genannt wird und darin besteht, der Gesamtheit der Teilaspekte etwas hinzuzufügen – ein »Mehr« als diese Summe.[*]

Durch diese Unterstellung jedoch, Emergenz sei existent, mithin Teil der Wirklichkeit, werden logische Schwierigkeiten erkauft, die beträchtlich sind.

---

[*] Vielleicht ist die implizite Voraussetzung durch die Unvollständigkeitssätze von Kurt Gödel (1931) inspiriert, die sinngemäß sagen, dass in hinreichend starken – hier wäre die Versuchung des Parallelschlusses verortet –, widerspruchsfreien Systemen im System nicht beweisbare Aussagen generiert werden können und dass derartige Systeme ihre eigene Widerspruchsfreiheit nicht in der Lage sind zu beweisen. Der Fall lagert beim Kognitivismus wie beim Konnektionismus indes anders.

AUFTRITT 15 – EMERGENZ, EIN GESPENST

Ein Vorläufer der Emergenz[*] ist die antike *Entelechie*
Aristoteles', die mit »sein Ziel in sich selbst haben« übersetzt werden kann. Im Gegensatz zur Ideenwelt Platons,
die jenseits der Stoffe existiert und von dort auf sie ein-
wirkt – die Idee des Tischs, die »Tischheit« garantiert,
dass wir den Tisch als solchen erkennen –, im Gegensatz also zu einer von Platon postulierten Welt der Ideen
oder zweiten Wirklichkeit wohnt, folgt man Aristoteles'
Begriff der Entelechie, den Stoffen ihre Bestimmung
inne. Ähnlich verhält es sich mit der Emergenz.

Sie wird aus den genügend komplexen Systemen von
innen heraus geboren und nicht von außen an sie heran-
getragen. Was für Aristoteles und dessen Begriff von
der Wirklichkeit keine grundlegende Schwierigkeit auf-
werfen mag, kann für realistische und materialistische
Erklärungsansätze allenfalls bedingt gelten. Denn *woher*
soll das Surplus kommen, wenn nicht aus den Teilen des

---

[*] Neben Emergenz sind für derartige und ähnliche Phänomene
weitere Begriffe in Gebrauch. Als Beispiel sei, entlehnt der
Biologie, »Autopoiesis« genannt. Wichtig ist allein der Aspekt
eines »Aus-sich-heraus-Auftretens« zusätzlicher oder neuer
Qualitäten, ein »qualitativer Sprung«. Insofern beschränke ich
mich auf die Thematisierung der Emergenz.

Ganzen, denen eben nichts hinzugefügt wird, was als Anlage nicht schon vorhanden gewesen wäre? Und wer oder was bestimmt, *wann* die Menge der Teile so groß ist, dass das Ganze die bloße Summe qualitativ übersteigt?

Im Folgenden drei Beispiele, die ausschließlich zur Illustration des Phänomens Emergenz dienen sollen: Silbe versus Buchstaben, Strecke beziehungsweise Gerade und Dreieck sowie der postulierte Umschlag von Quantität in (eine neue) Qualität.

Wenn wir in der deutschen Sprache die Buchstaben J und E aneinanderfügen, erhalten wir, wenn wir des Lesens unkundig sind, aber die Buchstaben als reine Symbole kennen, eine Kombination aus zwei Buchstaben: »ej« oder »je«. Falls wir über grundlegende Fähigkeiten des Lesens verfügen, umgangssprachliche Floskeln wie: »ej« jedoch ablehnen, erhalten wir mit »je« sowohl eine Silbe als auch ein Wort. Um die Kombination j-e als Silbe oder als Wort zu identifizieren, müssen wir Kenntnis von den sprachlichen Konventionen des Deutschen haben. Wir müssen um die *Zuweisung* wissen, die auf semantischer und syntaktischer Ebene aus den Schnörkeln »j« und »e« ein Wort oder eine Silbe mit Bedeutung entstehen lässt, das oder die syntaktischen Regeln folgt: »Je weiter oben die Wohnung im Haus gelegen war, desto mehr Sonne bekam sie am Nachmittag.«

Diesen semantischen und syntaktischen Sachverhalt,

der nur im Kontext der deutschen Sprache auftritt, als Phänomen der Emergenz zu bezeichnen, scheint mir nicht angebracht. Dem Muster »j-e« die Rolle des Wortes »je« anzudienen, ist offenkundig der Zuweisung geschuldet, die im Deutschen geschieht und eine Ähnlichkeit mit Zuweisungen bei der Programmierung respektive Implementierung von Maschinen aufweist.

Betrachten wir nun drei Strecken in einer Ebene, zum Beispiel auf einem Blatt Papier, die einander weder berühren noch schneiden noch zueinander parallel sind. Die Eigenschaften dieser drei Gebilde sind überschaubar: Länge der Strecke; eventuell deren Ausrichtung (gegenüber einem Koordinatenkreuz sowie den Rändern des Papiers); mehr lässt sich kaum finden. Wenn wir diese drei Strecken derart parallel verschieben, dass jede von ihnen die beiden anderen schneidet (wir gehen der Einfachheit halber davon aus, dass genau das möglich ist, ohne dass wir das Blatt Papier vergrößern müssen), dann entsteht ein Dreieck. Die geometrische Figur des Dreiecks verfügt über einige zusätzliche Eigenschaften: drei Winkel, deren Summe genau 180 Grad beträgt; die dazugehörigen Sätze etc. Nun könnte man entweder behaupten, dass die drei Strecken manipuliert wurden und deshalb »das Neue« (Dreieck) entstanden ist; oder man könnte im Sinne der Emergenz der Ansicht zuneigen, die Summe der Teile (die Strecken) sei weniger als das Ganze (das Dreieck). Tatsächlich verhält es sich aber so, dass im Kontext der Geometrie, die hier zugrunde gelegt ist, Strecken immer Abschnitte von Geraden sind und sich drei Geraden, die zueinander in keinem Fall parallel sind, in der Ebene in jedem Fall so schneiden, dass ein Dreieck entsteht.

Das heißt, durch die Parallelverschiebung wird bloß deutlich, dass eine Strecke ein Abschnitt einer Geraden ist. Und aufgrund der Geometrie, in deren Rahmen die Betrachtung stattfindet, verhält es sich so, dass drei nicht parallelen Geraden in der Ebene *immer* die Qualität zukommt, dass sie einander schneiden. Infolgedessen bilden sie ein größeres oder auch kleineres Dreieck mit all den zugehörigen Eigenschaften, das durch die Begrenztheit des Blattes Papier unter Umständen nicht zu erkennen ist.

Es ist davon auszugehen, dass diese Beispiele den größten Teil der vermeintlich emergenten Phänomene abdecken: Entweder ist die vermeintlich neue Qualität der Ausgangslage intrinsisch (Dreieck) oder es handelt sich um eine Zuweisung.

Das dritte Beispiel ist komplexer. Entlehnt der marxistischen Theorie stützt es sich wesentlich auf einen Gedanken von Hegel. Es handelt sich um den Übergang von einer Quantität hin zu einer neuen Qualität beziehungsweise um einen »qualitativen Sprung«.

Friedrich Engels, der die sogenannten *dialektischen Grundgesetze* mit Bezug auf Hegel für den (Marxsch'en)

Materialismus formuliert und dabei vor allem auf Änderungen in der Gesellschaft abzielt, beruft sich zur Veranschaulichung auf Phänomene aus den Naturwissenschaften; beispielsweise den Übergang des Wassers von einem Aggregatzustand in einen anderen. Der qualitative Sprung bestünde darin, dass die Flüssigkeit Wasser durch Zuführung von Wärme (Energie) siedet beziehungsweise verdampft.

Entsprechende Sprünge würden sich laut Engels beim Übergang von einer Gesellschaftsform zu einer anderen vollziehen, mithin bei der Überwindung des Kapitalismus hin zum Sozialismus durch eine proletarische Revolution. Das Prinzip der Dialektik sei, so insbesondere Engels, das Grundprinzip, mit dem sich Vorgänge sowohl in der Natur als auch in der Gesellschaft begreifen ließen. Interessant an dem Gedankengang ist zum einen, dass der »Satz vom Widerspruch« insofern ausgehebelt wird, als Widersprüche einander nicht mehr ausschließen, sondern – qua Dialektik – in einem Dritten aufgehoben werden (so der Widerspruch, oder immerhin Gegensatz, zwischen Kapital und Proletariat in der fraglichen Revolution). Zum anderen bedient sich Engels – ohne Kenntnisse der Thermodynamik – eines Analogschlusses, um von vermeintlichen Gesetzen der Natur auf die behaupteten Bewegungsgesetze der Gesellschaft zu schließen.

Auch andere Beispiele, die Engels aus der Naturwissenschaft (nach damaligem Erkenntnisstand) zitiert, sind fragwürdig. Zudem haben Beispiele, obwohl oft und gern eben dafür herangezogen, keinerlei Beweiskraft. Der qualitative Sprung kann im einen wie im anderen Fall als pure Spekulation bezeichnet werden.[*]

Wenn jedoch das Ganze mehr als die Summe seiner Teile sein soll, wenn nicht allein ein anderer Blickwinkel für das – anscheinende – Surplus verantwortlich ist und wenn die vermeintlich neue Eigenschaftlichkeit wie beim Beispiel des Dreiecks in der Ebene nicht als verborgene Qualität dem Gegenstand oder Sachverhalt von vornherein innewohnt, ohne zunächst zum Austrag gelangt zu sein, wenn insofern etwas hinzukommt, das zuvor nicht angelegt war, nur weil das Konglomerat »groß« in einem schwer zu bestimmenden Sinn erscheint, dann geschieht ein Wunder: indem aus *nichts etwas* generiert wird.

Es muss nicht das Keine-Wunder-Argument von Hilary Putnam (1926–2016) bemüht werden, um zu erkennen, dass die Behauptung der Existenz von Emergenz sich auf ein religiöses Phänomen beruft. Mit der emergenten Qualität wird etwas gänzlich Neues geschaffen, für das sich in der Menge beziehungsweise der Summe der einzelnen Teile keine Ursache ausmachen lässt. Anlass ist allein die enorme Zahl der Komponen-

---

[*] Karl Popper spricht von »Magie«.

ten, die *ausreichend große Komplexität.* Ließe sich im Zusammenspiel der Teile eine Ursache finden, läge Emergenz im strengen Sinne nicht vor.

Wenn einer Maschine aufgrund eines solchen Wunders emergentes Verhalten zugeschrieben werden kann, besitzt sie unter Umständen nicht nur Intelligenz in einem dem Menschen möglicherweise weit überlegenen Sinne, sondern es könnte ihr gleichermaßen plausibel ein Bewusstsein zugeeignet werden, das, aus dem Nichts entstanden, Resultat unerklärlicher Vorgänge in einem Konglomerat anorganischer Stoffe und elektrischer Energie ist. Auf ähnliche Weise kreiert Dr. Frankenstein aus totem Fleisch ein beseeltes Geschöpf. In der Literatur ein hübsches Motiv, in der Realität mutet ein solch »qualitativer Sprung« sonderbar an.

Die These hieße also, dass Emergenz – und damit Bewusstsein – ausreichend komplexen Systemen zukäme und dass ein genügendes Maß an Komplexität (wie immer das Meta-Kriterium für »genügendes Maß« lautete) einen qualitativen Sprung nicht nur ermöglichte, sondern zwingend stattfinden ließe. Denn es ist kaum denkbar und wäre ein Verstoß gegen jede Logik, dass in dem einen Fall ausreichender Komplexität emergentes Verhalten aufträte, im anderen nicht. Entsprechend komplexe Systeme wären im Kontext der hier vorliegenden Betrachtung sowohl der Mensch als auch eventuell eine KI.

Als Beispiel für die Legionen ähnlich gelagerter Aussagen neuerer Zeit sei hier ein Zitat aus der *Computerwoche* angeführt:

Wir beobachten, dass ein LLM [Large Language Model] auf eine Programmiersprache trainiert wird und dann automatisch Code in einer anderen Programmiersprache generiert, die es noch nie zuvor gesehen hat. Es ist fast so, als gäbe es ein emergentes Verhalten. Wir wissen nicht genau, wie diese neuronalen Netze funktionieren. Das ist beängstigend und aufregend zugleich.[33]

Das Postulat der Existenz von Emergenz als religiösem Phänomen, mithin als Ergebnis eines Wunders, wäre fraglos verblüffend – und ein eklatanter Verstoß gegen die kausale Geschlossenheit der physikalischen Welt. Einen Beleg für eine solche Behauptung, soviel kann sicherlich gesagt werden, gibt es bislang nicht.

Wenn wir in einem nächsten Schritt dennoch den Gedanken zulassen, dass bei einem genügend komplexen KI-System emergentes Verhalten auftreten kann, zugleich aber davon ausgehen, dass ein Wunder nicht vorliegt, dann muss dem fraglichen KI-System etwas, das mit einiger Berechtigung nicht nur als dem Menschen adäquate Intelligenz, sondern zudem als *Bewusstsein* bezeichnet werden kann, durch eine äußere Instanz zukommen, die nicht mit dem implementierenden Medium (= Programmierer) identisch ist; folglich durch eine immaterielle Entität, die jenseits der materiellen Sphäre existiert.

Einen solchen Dualismus für eine Maschine zu behaupten, klingt seltsam. Wenn wir den Gedanken jedoch verwerfen, dann wäre Emergenz im Kontext der KI inexistent. Insofern verfügte eine Maschine weder über Intelligenz im allgemein menschlichen Maßstab noch und schon gar nicht über Bewusstsein.

Die Frage, die bliebe, wäre indes: Auf welche Weise könnte beim ausreichend komplexen physikalischen System »menschliches Gehirn« Bewusstsein als *qualitativ Anderes* vorstellbar sein? Wenn nicht von einem dualistischen Erklärungsansatz ausgegangen wird, der der materiellen Sphäre – Gewebe plus Elektrochemie – eine immaterielle – »Geist« – zur Seite stellt? Einen Geist, der, wenn er nicht auf emergentem Wege aus dem Nichts entsteht, durch eine über- oder nebengeordnete Instanz (Gott?) zugewiesen werden muss.

Wird das menschliche Gehirn hingegen als zwar äußerst komplexes, aber, weil physikalisch, vollständig in der materiellen Sphäre verortetes Organ respektive System begriffen, dann kann von einem Bewusstsein, dass sich qualitativ vom physikalischen Fundament unterscheidet, nicht gesprochen werden. Auch das Gehirn wäre im strengen Sinne bewusstlos und unterläge somit in Bezug aufs Bewusstsein einer bloßen Einbildung.[*]

Hinsichtlich der Emergenz lässt sich abschließend festhalten: Entweder sie ist profan in dem Sinne, dass auch die simpelste chemische Reaktion, die schlichte Änderung des Aggregatzustands als emergentes Phänomen gilt, oder sie existiert nicht.

AUFTRITT 16 – DIE WIRKLICHKEIT

Der Emergenz-Begriff verweist auf ein theoretisches Grundproblem, das so alt wie die abendländische Philosophie ist, das Dualismus-Problem oder auch Leib-Seele-Problem.

Wir haben im vorangegangenen Kapitel zwei Fragen gestellt: Zum einen, aus welcher Sphäre das Meta-Kriterium stammen soll, mithilfe dessen sich entscheiden ließe, *wann* ein System ausreichend komplex ist, damit sich ein Surplus einstellt, das über die Summe der Teile hinausgeht und diesem Ganzen eine neue Qualität zuweist, die ein Mehr als diese Summe darstellt. Und wir haben zum anderen gefragt, *worin* dieses »Mehr« be-

---

[*] Der Maschine eine solche »Einbildung« eventuell anzudichten, soll hier, auch als bloßes Gedankenspiel, nicht weiterverfolgt werden.

steht, welche Form oder Beschaffenheit es hat und *woher* es rührt, wenn es nicht der Materialität der Teile zugehört.

Im Rahmen dualistischer Konzepte werden die Fragen so beantwortet, dass neben der materiellen oder physikalischen Welt noch eine immaterielle Sphäre des Geistes angenommen wird, deren Herkunft entweder ungeklärt bleibt oder mit der Existenz einer – geistigen – Entität jenseits der materiellen Gegebenheit begründet wird, oft durch das Postulat einer oder mehrerer Gottheiten. Bevor eine Antwort darauf folgt, gehen wir einen Schritt zurück und wenden uns der Wirklichkeit zu.

Gäbe es neben der Wirklichkeit, die wir mehr oder minder gut wahrnehmen oder auf die wir, das kann als evident gelten, zumindest einwirken können, eine (oder mehrere) weitere, die wir weder wahrnehmen noch beeinflussen können, wäre die Frage nach der zweiten (dritten, vierten) Wirklichkeit obsolet, da wir keinen Hinweis darauf hätten.

Wir könnten an die von uns nicht wahrzunehmende Wirklichkeit glauben oder das sichere, uns nur individuell zur Verfügung stehende Gefühl haben, diese *andere Wirklichkeit* sei unbedingt der Fall. Eine überprüfbare Mitteilung von dieser »anderen Sphäre« zu machen, wären wir nicht in der Lage. Gäbe es neben der einen von uns wahrgenommenen Wirklichkeit eine weitere, die wir ebenfalls wahrnehmen, wäre damit unmittelbar die

Frage nach einer die zwei Wirklichkeiten *umgreifenden Realität* gestellt. Dadurch wäre ein sich stetig fortschreibender Prozess umgreifender Wirklichkeiten angestoßen: ad infinitem.

Zudem stellte sich die Frage, ob wir als wahrnehmende Instanz, die zunächst der Ur-Wirklichkeit angehört, nicht aufgrund des Prozesses der Wahrnehmung mit der anderen, erst nur wahrgenommenen Wirklichkeit in Wechselwirkung träten, sodass wir als eine Person entweder zwei Wirklichkeiten angehörten – oder einer *umgreifenden Realität*, in die jene anfänglich zwei Wirklichkeiten Eingang gefunden hätten und die so zu *einer* (übergeordneten) Wirklichkeit geworden wären.

Da wir folglich als beide Wirklichkeiten wahrnehmende Instanz nicht nur einer (der beiden) angehören können, ohne auch der anderen anzugehören, wären wir als Entität, als *Eines*, ein Gegenbeispiel, folglich ein Widerspruch zur Annahme der zwei voneinander strikt getrennten Wirklichkeiten. Mit anderen Worten: Dualismus-Konzepte bergen erhebliche logische Probleme, und die Annahme von mehr als einer Wirklichkeit ist logisch kaum haltbar.

Im Folgenden werde ich zwischen *uns bedingender Wirklichkeit*, die vorgängig beziehungsweise grundlegend ist, und (den Anteilen) *der Wirklichkeit, die wir bedingen*, als abgeleiteter beziehungsweise nachgängiger Form der Wirklichkeit unterscheiden.

Beide sind als Wirklichkeit insgesamt zu begreifen, wobei die Wirklichkeit, die wir bedingen, wiederum nachgängig, erneut zur uns bedingenden werden kann. Zur Wirklichkeit, die wir bedingen, gehören fraglos Computer, Roboter oder auch Chatbots, während zur (vorgängigen) Wirklichkeit, die uns bedingt, zum Beispiel die Schwerkraft und andere Wirkkräfte sowie die Ausstattung unserer Körper gehören.

Solange der Mensch kaum mehr unternommen hat als zu sammeln und zu jagen, kann man ihn weitgehend als jenem Teil der Wirklichkeit zugehörig betrachten, den ich als die *uns bedingende Wirklichkeit* bezeichnet habe. Kaum von anderen Primaten oder Raubtieren zu unterscheiden, ist er ein (sprachloser) Säuger unter Säugetieren, bestimmt von den Fährnissen der Schwerkraft, dem Bedürfnis nach Nahrung und Schlaf, vom Willen zu überleben, der Bedrohung durch mächtige Räuber und vom Wunsch, sich zu vermehren, um die eigene Fortdauer zu gewährleisten. Als Jäger und Sammler gehört der Mensch zur Wirklichkeit, die ihn bedingt. Mit spärlichem Werkzeug ist er nicht fähig, etwas zu bedingen, das über den Tag hinausreicht. Er ist, ebenso wie die Echse oder der Säbelzahntiger, unmittelbar Teil dieser *einen* Wirklichkeit.

Kaum tritt der Mensch aus dem ursprünglichen Zusammenhang heraus, beginnt er neben der Sphäre, in die er eingebunden ist und die er als materiell gegebene gezwungen ist anzuerkennen, eine zweite immaterielle Sphäre zu postulieren, indem er sich »Geist« zuschreibt, der – man vergleiche bei Goethe – auf »Höheres« verweisen soll.

Galt Frankensteins Geschöpf die Zugehörigkeit zur Gattung Mensch als erstrebenswert und kehrt auch Goethes Homunkulus schließlich ins Meer und damit zu den Anfängen des Menschen zurück, so soll der entwickelte Mensch *irgendwann* an einer Wirklichkeit teilhaben, die neben der ersten, materiellen Welt existiert. Den Schlüssel zur immateriellen Sphäre, der nichtmateriellen Wirklichkeit, soll ihm das »Bewusstsein« liefern, das zu einem ungewissen Zeitpunkt in der Welt gewesen ist.

Nicht zu verwechseln ist diese immaterielle Sphäre des »Geistes« mit denjenigen Anteilen der Wirklichkeit, die wir bedingen, also – materiell – erschaffen. Genau das geschieht, wenn den von uns erdachten und erstellten *Physikalischen Symbolsystemen ausreichender Komplexität* – avancierten Systemen der KI (die wir bedingen) – etwas zugeschrieben wird, das wie ein Wunder aus dem Nichts entstehen soll: ein Surplus jenseits der Materialität und ihrer Programmierung – Intelligenz, bemessen am menschlichen Maßstab; einhergehend mit, so die weitere Spekulation, der Etablierung eines Bewusstseins der Maschine.

Vermutet wird in beiden Fällen ein vergleichbarer

Vorgang: Der aus seiner ursprünglichen »Primitivität« heraustretende, damit »entwickelte« Mensch wird – ebenso wie die ausreichend komplexe Maschine – einer immateriellen Entität teilhaftig, die aus dem Nichts entsteht, der dennoch Existenz zugeschrieben wird und die der materiellen Welt nicht angehört.

Etwas anders formuliert: Das Bewusstsein, eng gekoppelt an menschliche Intelligenz, soll, wenn nicht reduktionistisch, sondern dualistisch argumentiert wird, in einer immateriellen oder nicht-materiellen Geistsphäre angesiedelt sein, der zwar neuronale Korrelate – in Mensch und (konnektionistischer) Maschine – entsprechen, die aber von jener verschieden sind. Das ist im einen wie im anderen Fall sonderbar und fragwürdig.

Im Gegensatz dazu lautete die reduktionistische – und streng physikalistische beziehungsweise im hier verhandelten Sinne materialistische – Position: Der Mensch ist zwar intelligent, aber an der Existenz seines Bewusstseins sind zumindest Zweifel angebracht. Die Maschine ist weder intelligent nach allgemein menschlichem Maßstab noch verfügt sie über (ein) Bewusstsein – und schon gar nicht über die Fähigkeit zur Intention.

AUFTRITT 17 – DAS BEWUSSTSEIN

Wolfgang Prinz, emeritierter Direktor am Max-Planck-Institut für Kognitions- und Neurowissenschaften Leipzig, stellt in seinem 2021 erschienenen Buch *Bewusstsein erklären* am Ende fest, dass eine geschlossene und schlüssige Theorie des Bewusstseins bisher nicht existiert.[34] Wenn eine solche Theorie für den Menschen nicht vorliegt, ist es schwierig, wenn nicht unmöglich, Aussagen über Maschinen und ihr mögliches Bewusstsein zu treffen.

Denkbar wäre ein ähnliches Vorgehen wie im Falle der Intelligenz. Das hieße, ebenfalls zu versuchen, von den Bedingungen her zu argumentieren, denen in einem Fall die menschliche Intelligenz, im anderen das Bewusstsein unterworfen ist, respektive die Umstände zu nennen, die (menschliche) Intelligenz respektive Bewusstsein bedingen.

Um noch einmal an die Kernaussagen des Kapitels zu Intelligenz und Körper zu erinnern, eine knappe Zusammenfassung: Menschliche Intelligenz wird bedingt durch den menschlichen Körper, dem die Gegenstände der Welt, in die er gestellt ist, zunächst zuhanden und nicht vorhanden sind. Intelligentes Handeln ist kontextabhängig und lässt sich nur im Zusammenhang mit einem sozialen Gegenüber, eingebunden in eine Gemeinschaft, verstehen. Die Fähigkeiten, die das Gehirn uns zur Verfügung stellt, sind verknüpft mit der onto- (und phylo-)genetischen Entwicklung. Ausgebildet und verhaftet im Prozess der Evolution sind unsere Gehirne organisch *geworden* und nicht ad hoc konstruiert und programmiert worden. Unter anderem darauf verweist Searle, indem er argumentiert, dass das Gehirn kein Digitalcomputer sei.

Auch ein »Training« von Maschinen, das zwar plausible Wahrscheinlichkeiten in bestimmten Anwendungsfeldern (Situationen) etabliert und so einigermaßen adäquates Verhalten zur Folge haben kann, ist nicht zu vergleichen mit der Ausbildung einer Intention, der Zielgerichtetheit einer Handlung, die in letzter Konsequenz darauf abstellt, zu leben und zu überleben und den Fortbestand der Gattung zu garantieren.

Obwohl der Intelligenzbegriff nach wie vor vage ist und auf absehbare Zeit vage bleiben wird, können wir davon ausgehen, dass Menschen intelligent sind und zu entsprechender Tätigkeit fähig. Mit dem Begriff lässt sich produktiv hantieren – es gibt Intelligenztests, IQ-Festlegungen und vieles mehr. Wir können auch davon ausgehen, dass Maschinen intelligent scheinen, indem sie auf präzise definierten Gebieten Fähigkeiten erlangen, zu denen Menschen Intelligenz benötigen. Mit dem technologischen Fortschritt werden sich im Feld der »schwachen«, trotzdem verblüffenden »KI« Weiterungen ergeben, bis hin zu Pflegerobotern und Dienstleistungsmaschinen aller Art. Androiden und Chatbots werden »klüger«, Menschen werden sie nicht.

Doch obgleich Intelligenz ein nach wie vor unscharfer Begriff sein mag, wäre es unsinnig, von Künstlicher Intelligenz zu sprechen. Gerade weil der menschliche Intelligenzbegriff derart eng an das Menschsein des Menschen gebunden zu sein scheint, wie die Argumentation nahelegt, lässt sich die spezifische Ausprägung der menschlichen Intelligenz weder unabhängig vom menschlichen Körper noch jenseits der Gattungsgeschichte denken.

Und auch wenn es Computern möglich wäre, sich zu reproduzieren – sich zu bauen und zu programmieren –, sind sie darauf angewiesen, dass sie durch Menschen initiiert werden. Deshalb bleiben sie etwas anderes als eine Gattung mit der entsprechenden Intention.

Der Maschine eine Intention zu unterstellen, hieße hingegen, von der Existenz des Wunders überzeugt zu sein. Während mit dem Intelligenzbegriff insoweit sinnvoll umgegangen werden kann, liegen die Antworten auf wesentliche Fragen nach dem Bewusstsein nach wie vor im Dunkeln, so Wolfgang Prinz. Dennoch führen die dargelegten Gedanken zu einem Ergebnis:

– Das komplexe System KI lässt, als in der materiellen Wirklichkeit angesiedeltes, bei Negierung jedweder

Emergenz keinerlei Schluss auf die mögliche Existenz eines Bewusstseins zu.

– Das Gehirn ist ebenfalls ein physikalisch fundiertes, hochkomplexes System. Wenn die Existenz von Emergenz für das eine komplexe System negiert wird, wäre es widersprüchlich, ein solches Phänomen für andere Systeme zuzulassen oder zu unterstellen, solange das Surplus gegenüber der Summe der Teile allein durch die ausreichende Komplexität begründet wird. Anders ausgedrückt: Die körperliche (materielle) Gegebenheit, das menschliche Gehirn, lässt keine Möglichkeit für Bewusstsein als immateriell Existentes zu.

– Das heißt, die *Bedingung*, hier: die Unmöglichkeit einer potenziellen Immaterialität, etabliert eine systematische Grenze. Es sei denn, man postuliert die Chance eines emergenten Phänomens, eines qualitativen Sprungs von der materiellen in eine immaterielle Sphäre. Dieser Sprung aber wäre beliebig.

Hingegen dem endemischen Fehlschluss der Kognitivisten aufzusitzen und – implizit oder explizit – eine vorhandene Instanz *im* Gehirn vorauszusetzen, die das Gehirn wie ein komplexes Werkzeug handhabt beziehungsweise steuert, führt entweder in einen unendlichen Regress, oder es muss von einer Art »Geistsubstanz« ausgegangen werden, einem nicht-materiellen

Stoff, der dem menschlichen Gehirn zum geeigneten Zeitpunkt implementiert wird, von wem auch immer.

Wenn aber für das menschliche Gehirn trotzdem die Existenz von Bewusstsein unterstellt wird, ergäbe sich erneut die Frage nach dem Meta-Kriterium für ein genügend komplexes System, bemessen am menschlichen Gehirn. Wieso wird für die Krähe, das Gnu oder den Gorilla kein Bewusstsein angenommen? Und falls doch – warum wird es dann bei hochkomplexer KI, wie aufgezeigt, in Abrede gestellt?

Auch wenn es spekulativ klingen mag: Plausibler wäre es anzunehmen, dass das vermeintliche Bewusstsein – inklusive der seltsamen Fähigkeit, sich seine Absichten »vor Augen führen«, das heißt, aus gewisser Distanz betrachten zu können – eine Autosuggestion ist, die das komplexe Organ Gehirn beständig erzeugt, um dem Menschen einen evolutionären Vorteil zu verschaffen, während die KI als bewusstlos akzeptiert werden muss.

RESÜMEE

Wenn wir ausschließlich von der Existenz einer bloß materiellen – respektive physikalischen – Welt ausgehen und weiterhin von einem Phänomen absehen, das oft als Emergenz bezeichnet wird, kann ein Computer oder ein Roboter nichts sein als eine kunstfertige Ansammlung von Metallen und Kunststoff, von Schaltern und deren geeigneter Anordnung.

Die Programme (Software), die wir als Menschen ursprünglich verursachen, organisieren Information und darauf operierende Prozesse und sind insofern die Grundlage für die Möglichkeiten der Maschine, sobald ihr ausreichend Energie zugeführt wird. Entsprechendes gilt für das »Training« Neuronaler Netze. Auch einer Häufung von Perzeptronen ist es unmöglich, Emergenz zu erzeugen. Denn diese Grundlage ist ein Teil der Wirklichkeit, die wir bedingen. Indem wir das Fundament legen, limitieren wir die Art und Weise, in welche Richtung sich ein Programm entfalten kann, wozu es fähig sein wird, inwieweit Entwicklungen denkbar sind beziehungsweise möglich werden können.

Die Frage, die jedoch bleibt – oder durch diese Überlegungen überhaupt erst in den Vordergrund drängt –, ist die Frage nach dem menschlichen Bewusstsein. Denn ebenso wenig wie es ohne die Annahme der Existenz von Emergenz oder einem ähnlichen Phänomen plausibel wirkt, dass die Maschine Bewusstsein ausbildet, ebenso wenig scheint es zwingend, dass Neuronen und Elektrochemie ein System genügender Komplexität darstellen, um auf unerklärliche Weise etwas zu erzeugen, das nicht-materiell ist, aber dennoch vorhanden sein soll.

Mit anderen Worten: Ohne das Postulat der Emergenz kann weder die Maschine noch das Gehirn – physikalische Phänomene – ein nicht-materielles Bewusstsein hervorbringen. Es sei denn durch Zuweisung »von außen«.

Wenn wir jedoch von der Existenz einer immateriellen Sphäre ausgehen, einer geistigen Entität jenseits der physikalischen Welt, unter Umständen von einem Gott oder mehreren Göttern, dann können auch Maschinen intelligent sein und über ein Bewusstsein im allgemein akzeptierten Sinn verfügen, weil ihnen durch jene geistige Entität Teilhabe an der immateriellen Welt garantiert werden kann. Nur dann wird denkbar, dass KI-Systeme eines Tages nicht allein Emotionen und »eine

Seele« haben, sondern uns in allen Belangen überlegen sind.

Jede weitere Diskussion hinsichtlich eines solchen Phänomens bliebe der Theologie vorbehalten und wäre an einen Glauben zu verweisen, für den es keinen Beleg gibt. Plan und Absicht Gottes – oder der Götter – kennen wir nicht.

DANKSAGUNG

Mein besonderer Dank gilt Professor Erhard Konrad, ohne den dieses Buch nicht hätte entstehen können, Dr. Dennis Mischke, der mich wie kein anderer dazu ermutigt hat, sowie meinen Kindern, die mir vielfach den Weg gewiesen haben.

ANMERKUNGEN

Alle Links wurden zuletzt am 31. Januar 2024 abgerufen.

1 Alle Zitate aus dem Theaterstück nach: Johann Wolfgang
   Goethe: *Faust II – Der Tragödie zweiter Teil*, in: Ders: *Faust*.
   Historisch-kritische Edition. Hg. v. Anne Bohnenkamp, Silke
   Henke und Fotis Jannidis unter Mitarbeit von Gerrit Brüning,
   Katrin Henzel, Christoph Leijser, Gregor Middell, Dietmar
   Pravida, Thorsten Vitt und Moritz Wissenbach. Frankfurt am
   Main / Weimar / Würzburg 2019. Zitiert wird nach Versnum-
   mer. Online abrufbar unter: https://faustedition.net/print/
   faust.all#d5 89e6
2 Goethe, *Faust II*, Vers 6949–6851.
3 Ebd., Vers 6873–6874.
4 Ebd., Vers 6834–6835.
5 Ebd., Vers 6898.
6 Ebd., Vers 6883–6884.
7 Ebd., Vers 6888–6889.
8 Ebd., Vers 8246–8252.
9 Nachwort Christian Grawe, in: Mary Shelley: *Frankenstein oder
   Der moderne Prometheus*. Stuttgart 1986, S. 295. Alle Zitate des
   Romans sind dieser Ausgabe entnommen.

10 Mary Shelley, *Frankenstein*, S. 215.

11 Goethe, *Faust II*, Vers 6845–6847. Oder auch: »Du bist ein wahrer Jungfern-Sohn, / Eh du seyn solltest bist du schon!« – Diese Verse sind durchaus interessant im Hinblick auf die KI, aber auch bezogen auf die moderne Reproduktionstechnik.

12 Als Schlaglicht auf die Fünfzigerjahre (in den USA!): beantragt wurden wohl 13 500 US-Dollar; bewilligt hat die Foundation wohl 7 500 Dollar, weil der Zweck der Tagung nicht zur Gänze mit den Richtlinien übereinstimmte; vgl. hierzu Rudolf Seissing: *Es denkt nicht! Die vergessenen Geschichten der KI.* Frankfurt a. M. u. a. 2021, S. 52–61.

13 Vgl. http://info.cern.ch/hypertext/WWW/TheProject.html

14 Hans Magnus Enzensberger: *Mausoleum – Siebenunddreißig Balladen aus der Geschichte des Fortschritts.* Frankfurt a. M. 1975, S. 113 f.

15 Vgl. Cameron Jones und Benjamin Bergen: »Does GPT-4 Pass the Turing Test?«, in: *arxiv (Cornell University)*, 31.10.2023, https://arxiv.org/abs/2310.20216.

16 Allen Newell und Herbert A. Simon: »Computer Science as an Empirical Enquiry: Symbols and Search«, in: *Communications of the Association for Computing Machinery* 19, (1976), S. 113–126, https://doi.org/10.1145/360018.360022.

17 vgl. Herbert A. Simon und Allen Newell: »Informationsverarbeitung in Computer und Mensch«, in: Walter Zimmerli und Stefan Wolf (Hg.): *Künstliche Intelligenz. Philosophische Probleme.* Stuttgart 1994, S. 112–145, hier S: 113: »Da der denkende Mensch ebenfalls ein Informationsprozessor ist, müsste es […] möglich sein, seine Verarbeitungsprozesse […] unabhängig von den Details der biologischen Mechanismen … zu untersuchen.«

18 Gerhard Josten: *Schach und Computer.* Homburg 2002, S. 68 f.

19 Hubert. L. Dreyfus: *Was Computer nicht können. Die Grenzen künstlicher Intelligenz.* Frankfurt a. M. 1985

20 Vgl. zum Beispiel Rodney Brooks: »Intelligenz ohne Reprä-sentation«, in: Joerg Fingerhut, Rebekka Hufendiek und Mar-kus Wild (Hg.): *Philosophie der Verkörperung. Grundlagentexte zu einer aktuellen Debatte.* Berlin 2021, S. 148; bzgl. der Klötz-chen-Welten mit Verweis auf (u. a.): Edward Feigenbaum, Ju-lian Feldman, *Computer and Thought.* New York 1963; Marvin Minsky (Hg.): *Semantic Information Processing.* Cambridge (Mass.) 1968

21 Deutsche Fassung: Terry Winograd und Fernando Flores: *Er-kenntnis Maschinen Verstehen. Zur Neugestaltung von Computer-systemen.* Berlin 1989

22 Hubert L. Dreyfus, *Was Computer nicht können,* S. 367.

23 J. R. Searle: »Geist, Gehirn, Programm (1980)«, in: Walter Zimmerli und Stefan Wolf (Hg.): *Künstliche Intelligenz. Philo-sophische Probleme.* Stuttgart 1994, S. 184–231.

24 U. a. Heike Stach: *Ideengeschichtliche Aspekte des Intelligenzbe-griffs.* Diplomarbeit. Berlin 1991, S. 120.

25 Sherry Turkle: *Die Wunschmaschine. Vom Entstehen der Compu-terkultur.* Reinbek 1984, S. 330; zitiert nach Heike Stach, *Ideen-geschichtliche Aspekte.*

26 J. R. Searle: »Ist das Gehirn ein Digitalcomputer? (1990)«, in: *Informatik und Philosophie* (1992), S. 211–232, hier S. 231.

27 Hannah Monyer, Frank Rösler, Gerhard Roth, Henning Scheich u. a.: »Manifest der Hirnforscher«. *Gehirn und Geist* 6 (2004), https://www.krause-schoenberg.de/hirnforschung_manifest2004.pdf.

28 Sherry Turkle, *Die Wunschmaschine,* S. 330.

29 Marvin Minsky: *The Society of Mind.* New York 1986, S. 308; deutsche Ausgabe: *Mentopolis.* Stuttgart 1987

30 Zum fehlenden Verständnis der LLMs hinsichtlich generierter Texte vgl. u. a. das berühmte Papier von Emily M. Bender u. a.: »On the Dangers of Stochastic Parrots: Can Language Models Be Too Big?«, in: *FAccT '21: Proceedings of the 2021 ACM Conference on Fairness, Accountability, and Transparency* (2021), S. 610–623, https://doi.org/10.1145/3442188.3445922.

31 Vgl. Joerg Fingerhut, Rebekka Hufendiek und Markus Wild (Hg.): *Philosophie der Verkörperung. Grundlagentexte zu einer aktuellen Debatte.*

32 Vgl. jedoch: Dieter Petereit. »Deepsouth: Neuromorpher Supercomputer aus Australien soll menschliches Gehirn simulieren«. *t3n*, 18.12.23, https://t3n.de/news/deepsouth-neuromorph-supercomputer-simuliert-gehirn-1596858/.

33 Jonathan Siddharth, CEO einer Servicefirma namens »Turing«; nach: Lucas Mearion; in: *Computerwoche* vom 27.6. 2023; vgl. dazu auch den erwähnten Aspekt der Furcht des Schöpfers vor dem Geschöpf.

34 Vgl. Wolfgang Prinz: *Bewusstsein erklären.* Berlin 2021, S. 297.